Legrand. S.

NOUVELLES
OBSERVATIONS
PHISYQUES ET PRATIQUES
SUR

LE JARDINAGE ET L'ART DE PLANTER,

AVEC

LE CALENDRIER DES JARDINIERS.

Ouvrage traduit de l'Anglois de BRADLEY,
enrichi de Figures en taille-douce.

TOME I.

A PARIS,

Chez

PAULUS-DU-MESNIL, Grande-Salle
du Palais, au Lion d'or, & à l'Envie.
NYON, Quai des Augustins, à l'Occasion.
SIMÉON-PROSPER HARDY, rue
S. Jacques, à la Colonne d'or.

M. DCC. LVI.

AVEC APPROBATION ET PRIVILEGE DU ROI.

PREFACE
DE L'AUTEUR ANGLOIS.

IL n'y a point de matière dont l'importance & l'utilité soient si générales que la culture des terres, & l'amélioration du regne végétable. Aussi n'en voit-on point qui ait été traitée si au long & par tant d'Auteurs différens. Le Public qui en pareil cas est assez complaisant pour recevoir avec une sorte d'avidité, & même pour encourager tout ce qui paroît tendre à améliorer sa fortune, n'a jamais été si souvent trompé dans ses esperances que dans les Livres d'agriculture. En voici les raisons : Quelques-uns de ces Ecrivains ont employé leur travail à puiser dans les Auteurs anciens qui ont écrit sur des sols étrangers, & ils ont cru faire des merveilles en rassemblant une foule d'observations tirées de Pline & de Varron, sans se donner la peine d'examiner en quoi leurs observations étoient différentes du génie de nos terreins & de nos climats. D'autres se sont contentés de

copier nos anciens fyſtêmes
d'agriculture, & ils ſe ſont
pillés les uns les autres, ſans
déclarer leurs vols, & ſans
ajouter une ſeule obſervation
nouvelle aux connoiſſances
de leurs Ancêtres. Au reſte
pouvoit-on s'attendre à autre
choſe, quand on fait réfle-
xion que preſque tous ces
Auteurs étoient ou des Gens
avides & intereſſés, ou des
Planteurs & des Jardiniers
groſſiers & ſans Lettres?
Quelques-uns d'eux faute de
talens n'auroient pas pu communiquer au Public leurs obſervations nouvelles & cu-
rieuſes, quand bien même ils
en euſſent fait; d'autres bor-

noient leur ambition à mar-
cher dans le vieux chemin
frayé, fans fe foucier de porter les chofes plus loin que
leurs Prédéceffeurs. A la vérité nous avons eu de tems à
autre des perfonnes ftudieu-
fes & intelligentes capables
de rendre fervice au Public,
exemptes des vûes fordides
d'un interêt perfonnel, & qui
fçavoient emploïer leur tems
à quelque chofe de mieux
qu'à cultiver fimplement un
Jardin, & faire valoir leur
propre bien. Nous avons eu
un Evelyn, un Nourfe, & un
Lawrence, qui nous ont donné fur la matiere utile de la
plantation des recherches.

également nouvelles & juftes, fondées fur leurs expériences. Mais qu'eft-ce qu'un fi petit nombre parmi la foule innombrable d'Auteurs inutiles ?

Apparent rari nantes in gurgite vafto.

Pour moi j'avouerai que j'ai attendu pendant longtems que l'on nous donnât un fyftême complet d'Agriculture : j'ai lû bien des Livres dont le titre promettoit beaucoup ; mais je n'y ai trouvé, en les lifant, qu'un amas fec & décharné de vieilles répétitions. Dans ces circonftances, excité par une inclination naturelle & une efpece de paſſion que je me ſuis ſenti dès ma plus tendre jeuneſſe pour l'agriculture, j'ai réſolu de mettre en ordre toutes mes idées & mes obſervations, & de tâcher de ſuppléer au défaut général d'Ecrivains, dont tout le monde ſe plaint. Je croirai en effet rendre à ma Patrie un ſervice aſſez conſiderable, ſi je puis engager la Nobleſſe & les Gentilshommes d'Angleterre à former de bonne heure des plantations ſur leurs biens; ce qui ſeroit très-avantageux nonſeulement à leur interêt perſonnel, mais encore à la Nation en général. M. Evelyn ſe plaignant de ce qu'on négli-

geoit cette méthode, dit avec
beaucoup de raiſon : „ Il n'y
„ a point de partie dans l'a-
„ griculture à laquelle on
„ manque , que l'on né-
„ glige plus communement,
„ & dont on ait ſi ſouvent
„ occaſion de ſe répentir,
„ que de n'avoir pas com-
„ mencé de bonne heure à
„ faire des plantations. " En
effet ceux qui ſont ſourds à
la démonſtration , lorſqu'ils
ont commencé à poſſeder,
& qui dans la ſuite ſont convaincus des grands avantages
qui reſultent des plantations
faites de bonne heure, ſoit
par leur propre expérience ,
ou par celle de leurs voiſins;

a v

doivent avoir alors bien des reproches fecrets à fe faire. Tout homme cherche naturellement, comme on dit, à jouir des fruits du travail de fes mains. Par conféquent celui qui s'apperçoit à cinquante ans qu'il a perdu des fommes confiderables, pour avoir négligé d'améliorer fon bien depuis l'âge de vingt ans, fouffre non-feulement un grand préjudice par fa faute, mais encore il fournit aux autres un bon avertiffement de ne pas tomber dans le même défaut.

Pour proceder avec le plus de méthode qu'il me fera poffible, & embraffer toutes les

parties qui ont rapport à ce
fujet, je vais annoncer au Lecteur ce qu'il trouvera dans
tout cet Ouvrage. On me pardonnera de mêler parmi ces
obfervations fur le jardinage
& l'art de planter un peu de
Philofophie naturelle, dont
les principes font clairs, fa-
ciles à concevoir, & fondés
fur ma propre expérience.

J'avancerai d'abord un
nouveau fyftême fur la végétation, & je m'efforcerai de
prouver que la féve circule
dans les plantes & les arbres
à peu près de la même ma-
niere que les fluides dans les
corps animaux. Cet argument
aidera à démontrer la noble

simplicité qui se rencontre
dans tous les ouvrages de la
Nature.

Je considererai ensuite la
génération des plantes, & la
maniere dont leur graine est
fécondée ; c'est une découverte que j'ai faite il y a quelques années, & qui sera d'une
grande utilité à tous les Planteurs, en les dirigeant comme
il faut dans le choix qu'ils
font des semences.

La différence des terreins
fera ensuite un autre article
considerable. On y verra
quels sont ceux qui sont naturels à chaque arbre, &
comment on peut corriger,
changer & amander les terres,

en en mêlant différentes efpeces les unes avec les autres.
C'eft une partie de l'agriculture qui n'a encore été tou-
chée que très - legerement ;
cependant c'eft de-là que dépend tout le fuccès d'un Agri-
culteur.

La maniere d'émonder les
Bois, & de faire les plantations d'arbres de haute futaïe,
fe préfente enfuite tout naturellement. Je propoferai à cet
endroit de mon Ouvrage une
méthode nouvelle, facile &
pratique d'élever des Bois
avec fort peu de dépenfe,
qui, comme je l'efpere, fera
ceffer les craintes qu'on a
coutume d'avoir de la dé-

penſe exceſſive que coutent maintenant les nouvelles plantations.

Pour encourager encore mieux ceux qui ſe propoſent de tirer tout l'avantage poſſible de leurs Bois, j'ajouterai une eſtimation des profits que peut donner une acre de terre plantée en haute futaye & taillis pendant l'eſpace de neuf ans, dix-ſept ans, & vingt-cinq ans après la plantation ; & l'on verra que ce gain monte à plus de ſix mille livres tournois, ſans compter les arbres de haute futaye qui croiſſent.

J'entrerai enſuite dans le détail du Jardin fleuriſte, &

j'enfeignerai les moyens les plus propres, pour rendre cette partie auffi belle qu'elle peut l'être. Le Lecteur y trouvera, en premier lieu, la defcription & l'ufage d'un inftrument de ma compofition pour tracer promptement beaucoup de deffeins de parterres ; je penfe qu'on me fçaura bon gré de cette découverte, quand une fois on en comprendra bien le véritable ufage.

J'y enfeigne la meilleure méthode de multiplier & de placer dans les Jardins tout ce qui peut contribuer à leur ornement, comme les arbres & arbriffeaux toujours verds, les buiſſons à fleurs, les fleurs vivaces & annuelles, & les plantes à racines bulbeuſes, avec leurs différentes hauteurs, leurs agrémens, & la ſaiſon où ils fleuriſſent : par ce moyen on pourra avoir toujours dans un Jardin quelque choſe d'agréable à la vue, puiſque toutes les fleurs s'y trouvant chacune dans leurs ſaiſons, ſe ſuccederont ſans interruption pendant toute l'année.

Il ſe rencontre à ce ſujet une particularité que je ne puis paſſer ſous ſilence, ni placer plus convenablement qu'en cet endroit ; c'eſt la façon irréguliere & mal en-

entendue dont on difpofe
quelquefois les ornemens ina-
nimés dans un Jardin. Je n'en
indiquerai que peu d'exemples. On met quelquefois des
grillages de fer dans des endroits où il n'y a point de
vûe. On voit fouvent de
grandes Statuës dans de petits
Jardins ; & de très - petites
dans des terreins fort étendus.
Placer à contre-fens les ornemens dans un Jardin , c'eſt
une faute fouvent auffi abfurde que celle du Peintre
qui , fuivant Horace , pein-
droit un Dauphin dans les
Forêts , & un Sanglier dans
la Mer. Ainfi nous voyons
quelquefois un Neptune dans

une allée, un Vulcain au milieu d'une piéce d'eau.

Ces fautes choquent tellement le fens commun qu'il fuffit, à mon avis, de les rappeller en paffant pour les faire éviter.

Je me propofe, dans le troifiéme Livre, de donner les regles néceffaires pour conduire & perpétuer les arbres fruitiers, tant en efpaliers qu'en plein vent.

On verra dans le quatriéme, la maniere de gouverner le Jardin potager.

Enfin dans le cinquiéme, on trouvera des avis fur la culture des Orangers & la direction des Plantes exotiques tendres.

J'ajouterai à cet Ouvrage le Calendrier des Jardiniers à la fuite de la maniere de conftruire les ferres ; on y trouvera mois par mois la faifon de cultiver les plantes potageres & les arbres ; & celles qui font en état d'être cueillies & employées au fervice de la table. La feconde partie de ce Calendrier contiendra les fleurs & les plantes de ferre qui font en fleurs dans tous les mois de l'année, & les façons différentes qu'il faut leur donner.

Après le Calendrier, j'ai donné fous le titre de *Supplément aux Obfervations phyfiques & pratiques, &c.* des ré-

flexions & des découvertes
que j'ai faites depuis les premieres éditions, ou que j'a-
vois oublié d'inferer dans le
corps de mon Ouvrage. Enfin
je finis par donner une differ-
tation fur les Vergers de la
Province d'Hereford, que
mes amis ont trouvée affez
utile pour mériter d'être entre les mains du Public.

Il y a eu des Curieux qui
fans doute par le défir de fe
confirmer de plus en plus
dans la connoiffance des Ouvrages de la Nature, fe font
élevés principalement contre
une découverte rapportée,
livre premier, page 11e. de
mes Obfervations, où j'avance

qu'en greffant en bouton le jasmin diversifié sur l'espece commune, toute la plante ou la plus grande partie devient panachée par la teinture mal saine que la branche panachée lui communique. Il assure que la chose n'est pas réellement telle que M. Lawrence ou moi-même l'avons raportée. Mais je pense que cette objection vient plutôt de l'envie qu'ils ont d'être convaincus de la vérité du fait, que d'une mauvaise volonté. C'est pourquoi pour ne pas les laisser en si beau chemin, & les convaincre absolument de la justesse de l'observation de M. Lawrence, aussi-bien que

xion : car chacun doit fentir
qu'une pareille inadvertance
a fouvent détruit une bonne
plante, & à coup fûr fait de
la peine au Maître. Toutes les
dépenfes & les foins qu'on fe
donne pour former de bons
Jardins deviendroient inutiles, fi on continuoit à com-
mettre de pareilles indifcré-
tions.

AVIS

AVIS AU LECTEUR.

L'Ouvrage que l'on préſente au Public étant une traduction, on doit ſentir naturellement que l'Auteur a ajuſté les tems qu'il preſcrit pour cultiver, ſemer & recueillir, au climat & au degré de chaleur des lieux qu'il habitoit. Si en le traduiſant on ſe fut donné la liberté d'ajuſter tous ces tems au climat de la France, il ſeroit arrivé deux choſes : 1°. On eût entierement défiguré l'Auteur, en changeant à tout moment ſon texte : 2°. On n'en eût pas été pour cela plus avancé ; car la France étant un

Tome I.   b

Païs très-étendu, ce qui se seroit trouvé juste pour Paris auroit été défectueux pour d'autres Provinces. Ces réflexions nous ont déterminé à donner simplement la traduction de Bradley. Mais comme l'Angleterre est de quelques dégrès plus au Nord que la France, les Cultivateurs qui voudront suivre notre Auteur, auront attention de semer, cultiver & recueillir tout environ quinze jours avant le tems fixé par Bradley. Ceux-mêmes qui habitent les parties de la France les plus méridionales peuvent avancer tous leurs travaux d'un mois entier, sans courir risque de se tromper.

TABLE
DES CHAPITRES.
Contenus en ce Volume.

LIVRE PREMIER.

b ij

LIVRE SECOND.

CHAP. I. *Description & usage d'un Instrument nouvellement inventé pour dessiner promptement des*

DES CHAPITRES. XXXV

Chap. VIII. *Des Fleurs & des*

NOUVELLES

NOUVELLES OBSERVATIONS

PHISIQUES ET PRATIQUES

SUR LE JARDINAGE

ET L'ART DE PLANTER.

❖❖❖❖❖❖❖❖❖❖❖❖❖❖❖❖❖❖❖❖

LIVRE PREMIER.

Où l'on explique les mouvemens de la féve & la génération des Plantes ; avec d'autres découvertes qui n'ont pas encore paru fur la maniere de perfectionner les arbres de Forêts & d'orner les Parterres ; & une façon nouvelle de trouver en une heure de tems plus de deffeins de Parterres qu'on ne peut en rencontrer dans tous les Livres actuellement exiftans : Et plufieurs autres fecrets rares pour l'amélioration des arbres fruitiers, des potagers, & des plantes de ferre.

Tome I.   A

CHAPITRE PREMIER.

Parallele entre les Plantes & les Animaux, avec un essai pour prouver que la séve circule dans les végétables.

L A végétation suit toujours l'ordre de la nature dans quelque sujet que je l'examine. Soit que je parle des arbres, des arbrisseaux ou des herbes, leurs principes sont également les mêmes; je veux dire, qu'ils tirent tous pareillement leur nourriture par les racines : cette nourriture est portée par des canaux qui lui sont propres dans la tige, les branches, les feuilles, les fleurs & le fruit.

Or pour pouvoir expliquer plus facilement par quels moyens toutes les Plantes reçoivent leur nourriture & la distribuent dans toutes leurs parties, qu'il me soit permis d'établir un parallele entre les Plantes & les Animaux , afin de mieux faire entendre quelle eft la nature des premieres.

Le grand nombre d'obfervations curieufes qu'on a faites fur la ftructure des corps animaux , tout ce que Malpighi, le Docteur Grew & moi-même avons remarqué fur la ftructure des végetaux , tout concourt à nous affurer que la vie végetative ou animale doit néceffairement être entretenuë par la circulation & la diftribution convenable des fucs dans les corps, qu'ils doivent maintenir : nous avons tous découvert à l'aide des Microfcopes les différens vaiffeaux & autres parties qui compofent une Plante ; mais comment les fucs paffent-ils dans les canaux & les vaiffeaux que nous avons découverts ? C'eft ce en quoi je ne fçaurois être du même avis que les Auteurs que je viens de citer. Il n'eft pas néceffaire

que je rapporte ici leurs différentes
opinions ; ce détail groſſiroit trop
ce Traité. Leurs Oüvrages ſont entre les mains de tout le monde : on
peut les conſulter. Je vais donc
entrer en matiere & tâcher d'expliquer comment la ſéve circule dans
les vaiſſeaux des Plantes à peu-près
de la même façon que le ſang dans
le corps des Animaux.

Pour faciliter l'intelligence de ce
nouveau ſiſtême, je crois qu'il ſera
bon de donner ici la deſcription des
vaiſſeaux qui ſe trouvent dans les
Plantes, & de leur ſituation.

Premierement donc : la racine
d'une Plante eſt d'une nature ſpon-
gieuſe, propre à recevoir les particules humides qu'une certaine tem-
pérature d'air a diſpoſées dans le
ſein de la terre, pour être inſinuées
dans ſes pores ; & nous pouvons
obſerver que les qualités diverſes
des différentes Plantes dépendent
principalement de la differente

grandeur des pores qui font dans leurs racines, par lefquels elles reçoivent les nourritures qui leur font propres.

Secondement : on doit concevoir le bois de chaque Plante comme un compofé de tuyaux capillaires, couchés parallellement les uns fur les autres, & montant en droite ligne de la racine au tronc. Leurs cavités font fi petites, qu'on a bien de la peine à les diftinguer par le fecours des yeux, fi ce n'eft dans un morceau de charbon, de rofeau, ou dans une planche de chêne. Ces vaiffeaux fe renouvellent & s'aggrandiffent d'eux-mêmes tous les ans : comme il eft aifé de le remarquer en coupant horifontalement un arbre, qui nous découvrira les pouffes longitudinales, l'augmentation annuelle de ces tuyaux, & la maniere dont les troncs des arbres s'accroiffent dans leur circonférence. J'appellerai ces tuyaux vaiffeaux arteriels, pour les diftinguer des autres. C'eft à travers ces tuyaux, que la féve monte de la racine fous la forme d'une vapeur déliée : car leurs cavités font fi petites qu'il leur feroit impoffible de rien admettre dont les parties fuffent auffi grandes que celles d'une liqueur.

Troifiémement : les paffages ou tuyaux par lefquels la féve retourne en bas, font beaucoup plus ouverts que les premiers, & capables d'admettre au-dedans d'eux une liqueur. Ils font placés immédiatement à la furface exterieure des vaiffeaux arteriels entre le bois & la premiere écorce, & conduifent directement en bas à la couverture de la racine ; ils font l'office des veines & contiennent la féve liquide qu'on trouve dans les Plantes aux mois du Printems & de l'Eté.

Quatriémement : l'écorce d'un arbre eft d'un tiffu fpongieux, &

répond à la moëlle par beaucoup de petites fibres qui paſſent entre les tuyaux des arteres. Ces vaiſſeaux ſont ſi entrelaſſés les uns dans les autres qu'ils forment un corps ſemblable à une éponge, qui donne entrée à l'air, par-là nourrit les vaiſſeaux de la Plante, & entretient tout le corps en bon état. Ce qui prouve que tel eſt l'uſage de ce corps ſpongieux, c'eſt que quand on tient une Plante dans un lieu renfermé, ou qu'on en exclut l'air, elle languit auſſi-tôt, devient pâle, & pouſſe des tiges foibles qui ſont des ſignes certains de maladie.

Cinquiémement, la moëlle eſt compoſée de petits globes tranſparens entrelaſſés les uns dans les autres, de même que les petites bulles qui compoſent l'écume des liqueurs.

Enfin une Plante eſt comme un alembic qui diſtile les ſucs de la terre. Par exemple :

A iv

La racine ayant fuccé les fels de la terre & s'étant par ce moyen remplie des fucs propres à la nourriture de l'arbre, ces fucs font alors mis en mouvement par la chaleur : c'eft-à-dire, qu'elle les fait exhaler en vapeurs, de même que la matiere qui eft dans un alembic quand elle commence à s'échauffer : Or fi-tôt que cette vapeur s'éleve de la racine, fa propre qualité naturelle la porte en en-haut pour y rencontrer l'air ; elle entre alors dans l'embouchure des tuyaux arteriels de l'arbre, & y monte jufqu'au fommet avec une force proportionnée à la chaleur qui l'a mife en mouvement : par ce moyen elle ouvre (petit à petit à méfure qu'elle peut fe faire un paffage) les vaiffeaux déliés qui font roulés les uns fur les autres dans les bourgeons, & les étend par dégrés pour en former les feuilles. Ainfi quand on donne une chaleur forcée à la racine d'une

Plante , elle croît plus vite que quand elle n'a qu'une chaleur temperée.

Mais comme toutes les vapeurs de cette espece s'épaississent & se condensent en eau quand elles sentent le froid ; de même aussi, quand la vapeur , qui , comme je viens de le dire , monte dans les vaisseaux arteriels , arrive à leurs extrêmités, c'est-à-dire , aux bourgeons d'un arbre ; elle y trouve assez de fraîcheur pour la condenser en liqueur , comme on sçait qu'il arrive à la vapeur qui s'éleve dans un alembic.

Sous cette forme elle retourne vers la racine , entraînée par son propre poids dans des vaisseaux qui font l'office des veines , & qui font placés entre le bois & l'écorce interieure : Et elle laisse partout sur son passage autant de parties de ses sucs, que la contexture de l'écorce en peut recevoir , & qu'il lui en faut pour son entretien.

A v

On s'étonnera sans doute que je n'aye pas parlé plus amplement de la moëlle qu'on a toujours regardée comme la principale partie d'un arbre. Je me contenterai de répondre pour le présent qu'il y a beaucoup de plantes qui n'en ont point du tout, & que j'ai vû de gros troncs d'arbres qui n'avoient plus de moëlle, & qui cependant ont continué de croître & de porter du fruit ; de sorte qu'on peut bien expliquer l'ordre de la végetation sans la moëlle ; d'ailleurs si je voulois entrer ici dans le détail de tout ce qui regarde les Plantes, ce Traité deviendroit trop volumineux; mais je suis fort du sentiment de celui qui dit μεγαβίβλιον μεγάκακον, ainsi je me renferme uniquement dans ce Traité aux choses seules que je crois pouvoir être de quelque utilité.

Mais avançons. L'expérience suivante qu'a faite l'ingénieux M. Lawrence sur le Jasmin, & dont il

a parlé dans son Livre qui a pour titre *Amusement des Ecclesiastiques*, peut nous convaincre que la féve circule certainement dans les Plantes. Je vais la rapporter dans ses propres termes. „ Suppofons que
„ vous ayez un jafmin, dont la
„ tige commune fe partage en trois
„ branches auprès de la racine. En-
„ tez en écuffon au mois d'Août fur
„ une de ces branches un œil pris
„ fur un jafmin jaune panaché, que
„ vous y laifferez pendant tout l'hi-
„ ver : Dans l'Eté, quand l'arbre
„ commence à bourgeonner, vous
„ y trouverez ça & là quelques
„ feuilles teintes de jaune même fur
„ les autres branches qui n'auront
„ pas été greffées, jufqu'à ce que
„ par dégrés dans les années fuivan-
„ vantes l'arbre tout entier, & même
„ le bois de toutes les branches ten-
„ dres feront très-bien panachées
„ & teintes de jaune & de verd
„ mêlés enfemble. Il ajoute, que

A vj

,, quand même le jet enté n'auroit
,, pas pouſſé & qu'il n'auroit vêcu
,, que trois ou quatre mois, & en-
,, ſuite ſeroit mort ou auroit été
,, détruit par hazard, ce petit eſpace
,, de tems lui auroit ſuffi néanmoins
,, pour communiquer ſa vertu à
,, toute la ſéve, & que l'arbre de-
,, viendroit entierement panaché. ``

Moi-même j'ai fait cette expérience, ainſi que pluſieurs autres per-
ſonnes, il y a quelques années : c'eſt
ce qui m'a fait venir l'idée de la circulation de la ſéve, & qui m'a en-
gagé à pouſſer plus loin mes recherches. Mais pour ſe convaincre plus
parfaitement de la circulation de la
ſéve, on peut choiſir une des tithi-
males ou des Plantes laiteuſes ; &
après en avoir coupé les feuilles,
on découvrira diſtinctement les
vaiſſeaux à travers leſquels le lait
coule, pour donner la vie & l'ac-
croiſſement à la Plante.

Le mouvement de la ſéve continuë dans une Plante tant que la chaleur du Soleil peut l'entretenir dans son état de fluidité; mais le froid de l'Hiver la condense, l'épaissit, & la change en une espece de gomme: quand elle est ainsi arrêtée, elle ne peut plus se mouvoir jusqu'à ce que la chaleur du Printems suivant, ou quelque chaleur artificielle lui rende sa premiere liquidité en la rarefiant.

Elle reprend alors sa premiere vigueur & pousse des branches, des feuilles, des fleurs, &c. Mais on ne doit point supposer que la séve liquide qui étoit épaissie dans le corps de l'arbre pendant l'Hiver fasse seule les frais de la germination; la racine n'est pas restée oisive tandis que les branches l'étoient; elle n'a pas perdu les sucs de l'Automne précedente pour s'impregner & se fournir elle-même des sels ou de la nourriture convenable dont l'arbre doit être entretenu. Il s'y eft fait une provifion pour lui fournir de l'aliment pendant l'Eté, comme certains Animaux induf-trieux en font pour fe nourrir eux-mêmes pendant l'Hiver.

Je ne dois pas oublier en fecond lieu de réfuter l'opinion vulgaire qui eft que la féve retourne dans la racine pendant l'Hiver ; car fi cela étoit, comment pourroit-il arriver que les arbres qu'on a coupés dans les mois de Novembre & de Dé-cembre pouffaffent des branches & des feuilles le Printems fuivant fans avoir de racine ni de terre pour les nourrir ? Cet exemple nous montre clairement que la féve eft condenfée ou épaiffie dans l'arbre pendant le cours de fa circulation par les grands froids, & qu'elle demeure dans cet état de gomme, jufqu'à ce que la chaleur du Prin-tems la liquefie (comme je l'ai déja dit) & que la vapeur qui doit s'en élever pouffe les boutons au-dehors tant qu'il reftera dans le tronc affez de matiere pour les entretenir.

Maintenant qu'il eft prouvé par ce que je viens de dire que la féve circule dans les Plantes , & que celles-ci ont des moyens de fe fournir elles-mêmes de la nourriture : Examinons fi les Plantes chacune dans leur efpece n'ont pas befoin de nourritures différentes, de même que les Animaux ne fe nourriffent pas des mêmes alimens.

Premierement donc , on peut comparer en général les Animaux terreftres à ces Plantes qu'on appelle Plantes de terre , parce qu'elles ne vivent que dans la terre ; telles font les chênes , les hêtres , l'orme &c.

Les Animaux amphibies tels que le Loutre , le Caftor , la Tortuë , les Grenouilles &c. qui vivent auffi bien fur la terre que dans les eaux peuvent être comparés au faule , à l'aulne & autres arbres femblables.

L'efpece des Poiffons ou la tribu aquatique foit de Riviere ou de Mer eft analogue aux Plantes d'eau, telles que le lis d'eau, le plantin d'eau qui ne fe trouvent que dans les Rivieres ou dans l'eau douce; & les *fuci*, le corail, les coralines &c. qui font les Plantes de Mer ou d'eau falée; aucune de ces Plantes ne peut vivre hors de l'element qui lui eft propre. D'où on peut conclure combien il feroit abfurde de planter un lis d'eau dans un défert ftérile & fabloneux, ou un chêne au fond de la Mer; cela feroit précifément auffi déraifonnable que fi on fe propofoit de nourrir un Chien de foin, ou un Cheval de poiffon. Néanmoins cette regle de la Nature a été fi peu fuivie même par quelques-uns de nos plus célebres Planteurs, que de cinq plantations que la Nation Angloife a faites, on peut à peine en compter une feule qui ait bien réuffi.

Mais le Lecteur me permettra de remarquer encore de plus, que comme les différens Animaux terreſtres ont des eſpeces de nourritures qui leur ſont propres, de même auſſi les Plantes terreſtres, ont des terreins particuliers * qui leur ſont affectés & dont elles tirent leur nourriture. De même que certains Animaux ſe nourriſſent de chair, d'autres de Poiſſons, de racines, de feuilles, de fleurs ou de fruits; de même auſſi nous trouvons des Plantes qui ſe plaiſent dans la terre glaiſe, d'autres dans la terre franche, le ſable, le gravier, la craye, &c. Ce n'eſt point encore-là tout ce que nous avons à obſerver; nous devons de plus conſiderer combien il eſt avantageux que chaque Plante ſe trouve placée dans l'expoſition qui lui convient, ſoit dans une vallée, ſur le penchant ou au ſommet d'une montagne ex-

* Voyez le chapitre III.

posée aux vents du Nord ou du
Midy, dans l'intérieur des terres ou
sur le bord de la Mer ; car c'est un
air convenable qui conserve une
Plante en santé, & la rend propre à
recevoir sa nourriture ; un certain dégré de chaleur particulier à chaque
espece de Plante est également
digne de nos recherches ; en effet
c'est la chaleur naturelle à chaque
Plante qui donne à ses sucs le mouvement qui leur est propre, de
même qu'un certain dégré de chaleur déterminé n'est pas capable de
mettre tous les métaux en fusion ;
mais je pourrai expliquer ceci plus
amplement dans un autre endroit ;
en attendant je continuerai d'examiner dans le Chapitre suivant,
par quels moyens les Plantes ac-
quierent la faculté d'engendrer, &
j'expliquerai quels sont les usages
qu'on peut faire de cette découverte.

CHAPITRE II.

De la génération des Plantes.

J'A i donné à mes Lecteurs dans le Chapitre précedent quelques notions qui pourront leur servir à expliquer mon sistême de la circulation des sucs dans les végétables, & j'ai tâché de faire voir qu'il y a de l'analogie entre les Plantes & les Animaux; je vais maintenant passer à l'explication d'une autre découverte aussi nouvelle que la premiere, qui en est dépendante, & qui à mon avis sera extraordinairement utile à ceux qui voudront établir des plantations avec des noix, des glands ou toute autre espece de graines ou de sémences. Quoique je ne me sois proposé dans ce Livre que de donner des instructions sur les arbres de Forêts ou de haute futaye seule-

ment, j'espere qu'on m'excusera si
en dévelopant les mysteres surpre-
nants de la génération des Plantes,
je suis obligé de parler des autres
especes d'arbres qui ne se trouvent
point dans les Forêts, & de prendre les sujets de quelques-unes de
mes expériences dans les Vergers
& les Potagers.

Moyse nous dit dans l'Histoire
de la Création, que les Plantes contiennent leurs sémences en elles-
mêmes, c'est-à-dire, que chaque
Plante porte avec elle les puissan-
ces mâle & femelle. Le texte qu'il
nous a donné semble s'éclaircir par
cette découverte, & peut nous
conduire à considerer que les Plantés n'ayant point la faculté de changer de place, doivent par conséquent renfermer en elles - mêmes
les deux sexes, afin de pouvoir engendrer sans avoir besoin du voisi-
nage d'aucune autre Plante : elles
font à cet égard comme les Moul-

les & les autres Coquillages immobiles, qui font hermaphrodites dans leur efpece, & peuvent engendrer fans le fecours d'aucun individu de leur même claffe. Je parle des Moulles & des autres fortes de Coquillages immobiles comme d'une efpece particuliere d'hermaphrodites; car ceux qui ont la faculté de fe mouvoir d'un endroit à un autre, comme les Limaçons & les Vers de terre, font tout-à-la-fois les fonctions du mâle & de la femelle, quand ils s'accouplent les uns avec les autres pour engendrer.

Mais avant que de paffer à l'explication de ce nouveau fiftême, je me fens obligé de déclarer, que la premiere idée de ce fecret m'a été communiquée depuis plufieurs années par M. Robert Balle, Ecuyer, Membre de la Societé Royale, qui avoit découvert depuis plus de 30 ans, que la maniere d'engendrer des Plantes étoit analogue à celle des Animaux. Les lumieres que ce Gentilhomme m'avoit données sur cette matiere ont été dévelopées dans la suite avec plus d'étenduë par M. Samuel Moreland autre Membre sçavant de la même Societé, qui nous a appris dans les Transact. Philos. n°. 287, en l'année 1703, comment le duvet des étamines des fleurs, c'est-à-dire la semence mâle, est porté dans la matrice ou le vase séminal d'une Plante, où il va féconder les graines qui y sont contenuës. Je me suis proposé ensuite d'examiner cette vérité, & j'ai été assez heureux pour la porter jusqu'à la démonstration par plusieurs expériences. Depuis ce tems-là un Auteur François a fait imprimer quelque chose sur la même matiere dans l'histoire de l'Academie des Sciences pour les années 1711 & 1712.

Mais pour en venir-là, le lis étant une fleur plus universellement con-

nuë que toute autre & dont les parties de la géneration font grandes
& dévelopées, je m'en fervirai pour
expliquer la méthode dont la Nature fe fert pour féconder la graine
de cette Plante & de toute autre,
& les moyens par lefquels les différentes efpeces de végetables ont
été perpétuées dans le monde.

La fleur du lis à fix feuilles ou
petales placées à l'extrêmité de la
tige; voyez A, figure premiere,
elles fervent à mettre les parties de
la géneration à couvert des injures
de l'air. Je n'ai pas jugé à propos de
les placer dans la figure, parce que
je ne leur connois pas d'autre utilité.

B eft l'embouchure du piftile ou
paffage qui conduit dans la matrice
C où il y a trois ovaires remplis de
petits œufs ou principes de graine,
tels que ceux qu'on trouve dans les
ovaires des Animaux ; mais ces
œufs déperiront & deviendront inu-

tiles, s'ils ne font impregnés par la farine fécondante, ou femence mâle foit de la même Plante ou d'une autre de la même efpece.

D E eft l'étamine du lis ou le filet creux à travers lequel la femence mâle eft portée au fommet F pour y être perfectionnée : la chaleur du Soleil la meurit & la divife en petites particules femblables à de la pouffiere ; quelques-unes de ces particules venant à tomber fur l'orifice B , font introduites dans la matrice C, ou bien attirent avec force par leur vertu magnetique la nourriture des autres parties de la Plante dans les embrions du fruit, & les font renfler.

Or il eft évident que la farine fécondante ou pouffiere mâle eft douée d'une vertu magnetique. Car c'eft elle que les Abeilles vont chercher fur les fleurs, & dont elles fe garniffent les cavités des pattes de derriere pour en faire leur cire.

Et

Et tout le monde fçait que la cire quand elle eft échauffée attire à elle tous les corps legers. Mais de plus , que les particules de cette poudre foient deftinées par la Nature à paffer dans les ovaires des Plantes & même dans les différens œufs ou graines qui y font contenuës , c'eft ce qu'il eft aifé d'obferver. Déchirez le piftile d'une fleur; vous y verrez que la Nature a ménagé un paffage fuffifant pour l'introduire dans la matrice.

Je me fuis contenté de donner dans la figure 1re. planche 1re. le deffein d'une étamine avec fon fommet feulement, pour prévenir les méprifes qu'on pourroit faire d'après mon explication ; mais le lis en a fix de la même figure & fervant au même ufage, qui font placées autour du piftile ou des parties femelles ; de forte qu'il eft prefque impoffible qu'il ne reçoive pas quelque portion de cette pouffiere

Tome I.   B

mâle ou farine fécondante qui tombe fur lui.

Dans cette fleur ainfi que dans les autres de la même nature, le piftile eft toujours placé de maniere que les fommets qui l'environnent fonr ou de même hauteur que lui ou plus longs, afin que leur pouffiere puiffe tomber deffus tout naturellement. Mais quand on remarque qu'il eft plus long que les fommets, on peut alors conclure que le fruit a déja commencé à fe former, & qu'il n'a plus befoin de la pouffiere mâle. On obferve auffi que quand l'ouvrage de la géneration eft fait, les parties mâles ainfi que les feuilles ou la couverture tombent, & que le tuyau qui conduit à la matrice commence à fe fanner.

On peut encore remarquer que le fommet du piftile dans chaque fleur, eft couvert d'une efpece de tunique veloutée, ou qu'il répand une liqueur gluante pour mieux retenir la poussiere qui tombe des étamines.

Maintenant comme nous trouvons dans la description que j'ai faite du lis, que la matrice est au-dedans de la fleur, celle d'une rose au contraire est placée au-dehors de la fleur dans le fond des *petales*, ou feuilles de la fleur. De même aussi dans les arbres à fruit, les cerisiers, les pruniers & quelques-autres ont leurs matrices au-dedans de leurs fleurs ; les groseillers au contraire rouges & blancs, les pommiers & les poiriers les ont au-dehors ou au fond de leurs fleurs. Mais, disons plus, quoique la Nature ait destiné la poussiere des sommets à féconder les parties femelles contenuës dans les fleurs des Plantes ; on remarque cependant qu'il y a de certaines Plantes qui ont leurs parties mâles & femelles éloignées les unes des autres ; par exemple, les citrouilles, les courges,

les melons , les concombres & autres Plantes de cette espece , ont
sur la même Plante des fleurs mâles & des fleurs femelles distinguées les unes des autres. Les
fleurs mâles sont différentes des autres en ce qu'elles n'ont point de
pistile ou principe du fruit ; mais
seulement une grande calote char-
gée de poussiere dans leur milieu.
Les fleurs femelles de ces Plantes
ont un pistile au-dedans des feuilles
de la fleur , & le principe du fruit
paroît toujours au fond de la fleur
avant qu'elle s'ouvre ; de même
aussi tous les arbres qui portent des
noix , & même à ce que je crois
ceux qui portent des glands ont
leurs chatons ou fleurs mâles éloignés des parties femelles.

Le chêne , par exemple , qui
fleurit au mois de Mai , a ses parties
mâles distinguées des glands : on y
trouve des grappes de petites fleurs
farineuses en grande quantité com-

me G dans la figure 2ᵉ. pl. 1, qui
font éloignées des rudiments des
glands ou fruits marquésH: il en eſt
de même des noyers, des châtaigniers, des pins, des cyprès, des
noiſetiers & même des mûriers,
des trembles & autres. J'ai remarqué pluſieurs eſpeces de ſaules, qui
changent de ſexe tous les ans, &
qui ne produiſent que des chatons
ou fleurs mâles une année, & l'année ſuivante des nerfs garnis de
fleurs femelles, qui ſe trouvant par
hazard aſſez proches de quelques
fleurs mâles produiſent des ſemences aſſez ſemblables à celles de
l'apocine.

Quand on conſidere dans un bon
Microſcope la pouſſiere mâle d'une
Plante particuliere, on trouve que
toutes ſes particules ſont de même
groſſeur & de même figure, ſi ce
n'eſt dans quelques cas où elles ſont
de deux couleurs, comme dans la
tulipe où elles ſont jaunes & bleuës.

Mais les Plantes étant différentes les unes des autres quant à leurs figures & à leurs qualités, les figures de leurs différentes poussieres different aussi beaucoup entr'elles ; un grain de la poussiere du bec de gruë ou *geranium sanguineum maximo flore*, de C, B, P, ressemble à un grain de collier tout percé.

La farine du *corona solis perennis flore & semine maximus Hort. Lugd. Bat.* est un globe garni de pointes piquantes ; celle du ricin ordinaire C, B, P, est de la figure d'un grain de chapelet percé par le milieu.

Et le *acer montanum candidum* de C, B, P, fournit une poussiere de la figure d'une croix ; ainsi la farine fécondante de chaque Plante a une figure différente de celle de toute autre.

Les parties femelles de la géneration dans les Plantes sont plus aisées à distinguer dans les gros fruits sans le secours du Microf-

cope. Tels font les fruits des courges ou des melons où l'on peut découvrir diftinctement avec les yeux
feuls les vaiffeaux qui forment la
tunique ou couverture de chaque
ovaire ; on peut voir auffi comment
les graines y font attachées, & par
quelle extrêmité elles reçoivent
leur nourriture. De plus, on apperçoit aifément entre les différens
ovaires qui renferment le fruit, le
vagin ou paffage par où la farine fécondante eft entrée pour féconder
les femences.

On m'objectera peut-être contre
cette hipotefe qu'il y a beaucoup
de fleurs qui font pendantes comme
la couronne imperiale , le pain de
pourceau &c. & que leurs piftiles
ne peuvent point recevoir fur eux
la farine fécondante ; mais fi nous
remarquons que les piftiles de ces
fleurs font toujours plus avancés ou
un peu plus longs que les fommets
qui portent la pouffiere , il nous

B iv

fera facile de concevoir que la matiere gluante & la calotte veloutée
qui couvre l'extrêmité des piſtiles
eſt ſuffiſante pour recevoir & retenir un peu de cette poudre à meſu-
ſure qu'elle tombe ; & ſoit que l'in-
troduction de la farine fécondante
ſoit néceſſaire ou non , ſon ſéjour
à l'embouchure du piſtile eſt peut-
être en état par la vertu de ſa qualité attractive , de féconder les ſemences qui ſont contenuës dans la
matrice. En tout cas je ſuis certain
qu'il ſe rencontre dans la production des Animaux des difficultés
encore plus grandes à réſoudre ; &
je ne doute pas que ſi les Sçavans
vouloient pouſſer plus loin leurs
recherches ſur l'analogie qui ſe rencontre entre les Plantes & les Animaux , on ne fit bien des découvertes nouvelles qui ſeroient auſſi
avantageuſes pour la conſervation
& le bien être des corps animaux ,
que cette connoiſſance le ſera pour

la perfection du monde végetable.
Nous trouvons, par exemple, qu'en
général les arbres vivent plus long-
tems que les Animaux, que quelques-uns d'eux subsistent pendant
quatre ou cinq cens ans ; bien plus,
nous avons plusieurs relations fondées sur la tradition , d'arbres qui
ont vêcu plus de deux mille ans. La
cause en est claire , à mon avis ; car
1°. les arbres n'ont point de sensa-
tions ; or mon opinion est que les
sens prennent beaucoup sur les sucs
des corps dont ils dépendent. 2°.
Ils respirent toujours le même air.
3°. Ils se nourrissent toujours des
mêmes alimens simples. On prétend que le genre humain , qui,
dans les premiers tems, dit-on,
vivoit plus de 900 ans, ne se nour-
rissoit que d'alimens simples, & ne
bûvoit que de l'eau claire ; il est
certain du moins qu'il n'y avoit pas
beaucoup de variété dans les mets.
J'espere que le Lecteur me pardon-

nera cette petite digreſſion qui
pourra peut-être l'engager à pouſſer
plus loin ſes découvertes.

Je vais paſſer maintenant à ce
que j'appelle la partie démonſtra-
tive de ce ſiſtême. C'eſt ſur la tulipe
que j'ai fait ma premiere expérience. Je l'ai choiſie préferablement à
toute autre Plante , parce qu'elle
manque bien rarement de rapporter de la graine. J'eus la commodité il y a pluſieurs années de diſ-
poſer d'un grand jardin dans lequel
il y avoit d'un côté un carreau conſiderable de tulipes , qui en contenoit bien quatre cens pieds ; & de
l'autre côté fort loin des premieres,
douze belles tulipes en bon état. A
meſure que ces douze s'épanoui-
rent, ce que j'avois grand ſoin d'obſerver , j'en arrachois tous les ſommets avant que la farine fécondante
fut meurie , & même avant qu'elle
parût. Ces tulipes ainſi mutilées ne
donnerent point de graine cet Eté,

au lieu que de l'autre côté chacune des quatre cens ausquelles je n'avois pas touché, produisit de la semence.

Mais pour démontrer d'une maniere plus convaincante que les Plantes engendrent suivant la méthode que j'ai tâché d'expliquer, je recommande fort à mes Lecteurs de faire l'expérience suivante. Choisissez un pied de noisetier ou d'avelinier qui soit en état de rapporter, & éloigné de tout autre arbre de la même espece; cet arbre pousse au mois de Janvier ce qu'on appelle des chatons, c'est-à-dire de longues grappes composées de fleurs fort petites, qui vers le commencement de Mars se couvrent de duvet fin ou semence mâle; c'est alors le tems que les fleurs ou parties femelles paroissent sur les branches du même arbre : elles sont fort petites & difficiles à distinguer à moins qu'on n'y regarde de bien près, d'autant

qu'elles n'offrent à la vûë qu'une
petite grappe de filaments écarlates, lesquels sont autant de tuyaux
qui conduisent aux rudiments des
fruits : tout cela arrive dans une saison venteuse, afin que le duvet
mâle puisse être conduit plus aisément dans les matrices ou fleurs
femelles de la Plante. Or, aussitôt
que les chatons commencent à paroître, il faut avoir soin de les dé-
tacher de l'arbre, & il ne produira
point de fruit cette année, à moins
que vous n'ayez le dessein d'en
choisir quelques fleurs particulieres
qui pourront être fertilisées par les
chatons d'un autre arbre, qu'on
cueillera tout frais tous les matins
pendant trois ou quatre jours de
suite pour en jetter légerement le
duvet sur elles sans briser leurs fibres. On pourra de même couper
les fleurs de tout autre arbre, &
l'effet en sera toujours le même.

Au moyen de ce secret, on peut

changer la nature & le goût de tous
les fruits en impregnant les uns
avec la farine fécondante d'un autre
de même espece. Comme, par
exemple, une pomme à cuire avec
une poire-pomme, ce qui fera que
la premiere ainsi impregnée durera plus long-tems que de coutume , & aura le goût plus âcre.
Ou bien si un fruit d'Hiver se trouve fécondé par le duvet d'un fruit
d'Eté, il mûrira avant sa saison ordinaire, & c'est de cet accouplement casuel de la farine d'un arbre
avec l'autre que dans un verger où
il y a beaucoup de pommes , on
voit les fruits, même ceux qu'on recueille sur le même arbre, avoir une
saveur différente & mûrir les uns
après les autres : bien plus, les graines de ces fruits ainsi engendrés
ayant changé leurs qualités naturelles, produiront , si on les seme,
des especes différentes de fruits.

C'est aussi cet accouplement ca-

suel qui produit les varietés sans
nombre que l'on trouve dans les
fruits & les fleurs qui proviennent
de semence. Les oreilles d'ours,
jaunes & noires, qui sont les premieres qu'on ait vûës en Angleterre,
s'étant accouplées les unes avec les
autres ont rapporté de la graine qui
nous a donné d'autres varietés, lesquelles mêlant encore leurs qualités de la même maniere, ont enfin
engendré petit à petit les varietés
sans nombre qu'on remarque à présent dans les Parterres des curieux.
Car j'ai semé les graines de près
d'une centaine d'oreilles d'ours
dont les fleurs étoient d'une seule
couleur, & les ayant éloignées les
unes des autres, je me souviens
bien qu'elles n'ont produit aucune
varieté : mais dans un autre endroit
où j'en avois semé d'autres de différentes couleurs, & que j'avois
laissées ensemble ; cette semence a
produit beaucoup de varietés de

couleurs qui n'étoient point celles des Mères-plantes. Je ne crois pas qu'il soit nécessaire d'expliquer comment l'air peut transporter le duvet mâle des Plantes de l'une à l'autre pour opérer la génération & production de nouvelles Plantes ; mais j'avertirai en passant ceux qui forment des plantations pour avoir du cidre, de ne planter dans ces vergers que des pommiers d'une seule espece, & de les tenir éloignés des autres sortes de pommiers dont la farine fécondante gâteroit assurément les pommes à cidre, en faisant meurir les unes plutôt & les autres plus tard, ce qui causeroit à la liqueur une fermentation presque continuelle, & l'empêcheroit d'être jamais bien bonne.

D'ailleurs une personne curieuse pourroit aisément, d'après cette connoissance, produire des especes de Plantes rares qu'on n'auroit jamais vûes, en choisissant pour cet

effet deux Plantes qui fuſſent à-peu-
près ſemblables dans leurs parties
& ſurtout dans leurs fleurs ou dans
leurs matrices ; par exemple ,
l'œillet carné & l'attrape-mouche
ſont aſſez ſemblables ; la farine de
l'un fécondera l'autre , & la ſemence qui en réſultera , produira des
Plantes différentes de l'un & de
l'autre ; comme on le peut voir dans
le jardin de M. Thomas Fairchild
à Hoxton , où il y a une Plante qui
n'eſt ni attrape-mouche ni œillet
carné , mais qui participe également-
ment de tous les deux ; cette fleur
a été produite d'une graine d'œillet
carné fécondée par la farine d'un
attrape - mouche. Ces accouplemens réſſemblent aſſez à ceux des
Jumens avec les Aſnes d'où proviennent les Mulets ; & ces Plantes ſont auſſi ſemblables aux Mulets par rapport à la génération ;
car elles ne peuvent pas perpétuer
leurs eſpeces , non plus que tous

les autres monſtres engendrés de la
même maniere.

Ce que je viens de dire nous apprend que le fruit de tout arbre
peut être abatardi auſſi bien par la
farine d'un arbre de la même eſpece qui ſeroit mal-ſain ou d'une petite eſpece , que par le duvet de
quelqu'autre ſorte d'arbre qui ſeroit
à-peu-près ſemblable , mais de plus
mauvaiſe qualité. Or, comme ces
accouplemens peuvent ſe rencontrer fréquemment dans les Bois ordinaires , je recommande à ceux
qui veulent faire des plantations de
ne choiſir que la graine des Plants
ou arbres de haute futaye les plus
grands & de la meilleure qualité,&
qui ſont éloignés des autres d'une
eſpece moins bonne; parce qu'autrement leurs ſemences pourroient
dégenerer & tromper nos eſpé-
rances , quand leur plantation
viendroit à croître. C'eſt une précaution qu'il faut prendre néceſſai-

rement pour les végetables, afin de
perpétuer leurs bonnes qualités
dans les jeunes Plantes qui en doivent être produites, avec autant de
foin, qu'on en apporte pour élever
des Coeqs pour le combat, des
Chevaux pour la courfe, & des Epa-
gneuls pour la chaffe.

Je ne connois qu'une feule efpece de Plante qui me paroiffe hors
de danger de s'accoupler avec
d'autres efpeces & par conféquent
dont les fémences ne foient pas
fufceptibles d'acquerir de bonnes
qualités ni de perdre les leurs;
c'eft le guy. Les parties de fes fleurs
font à la vérité auffi propres à la
géneration que celles des autres
Plantes; mais je n'ai jamais remarqué aucune différence dans cette
Plante, ou du moins je n'en connois point d'autre qui en approche
affez pour engendrer avec elle. Car
foit que le guy croiffe fur les chênes, les faules, les tilleuls ou

quelqu'autre arbre que ce foit ; fes feuilles , fes fleurs , fon fruit & fa façon de croître font toujours les mêmes. Puifque j'ai occafion d'en parler dans cet endroit , qu'il me foit permis de rapporter ici quelques-unes des particularités qui le concernent ; par exemple , cette Plante ne peut vivre ni dans la terre ni dans l'eau , mais feulement fur les arbres & les Plantes. Les anciens la regardoient comme une Plante excrementitielle particuliere au chêne , & nous ont dit que quoiqu'elle produifit de la graine, ils ne croyoient pas que cette graine fût capable de végeter ; parce qu'apparemment ils l'avoient effayé dans la terre fans fuccès. Mais comme on trouve le guy affez fréquemment fur d'autres arbres que le chêne , je vais ici détruire l'opinion qu'ils avoient conçuë de cette Plante , & faire voir comment on en peut faire multiplier la graine.

sur quelque arbre que ce soit.
Quand sa graine est mûre, on peut
aisément la faire tenir sur l'écorce
unie de tout arbre qu'on destine à
cet effet, soit chêne, frêne,
orme, pommier, poirier, prunier,
rosier, groseiller &c. le suc vis-
queux qui environne chaque graine
l'attache fortement à la partie sur
laquelle on la pose; & avec cette
seule précaution, qui est bien simple, on peut s'attendre à avoir de
jeunes Plantes l'année suivante, à
moins que les oiseaux ne viennent
manger la semence, ce à quoi on
peut remedier en mettant un petit
filet ou rezeau par-dessus. J'ai vû
vingt Plantes de guy qu'on avoit
fait venir de cette façon dans un
jardin sur autant d'arbres & de
buissons d'especes différentes. Je
crois même qu'il seroit utile de corriger la trop grande vigueur des
arbres fruitiers, & de leur faire rapporter des fruits en leur ôtant ainsi

les fucs fuperflus qui font toujours contraires à la fécondité dans les Plantes ou dans les Animaux.

Il paroît par ce que j'ai dit de la géneration des Plantes que les fleurs doubles produifent rarement de la graine, parce que la pouffiere des étamines eft trop étouffée par les petales ou feuilles des fleurs, & par cette raifon ne peut pas aifément atteindre jufqu'au ftile ou piftile de la fleur, qui eft toujours avancé & au-deffus des petales dans les fleurs doubles. Il paroît auffi que les proprietés naturelles des fruits ou des graines peuvent être changées par leur accouplement cafuel avec d'autres Plantes, & que les graines ainfi alterées peuvent nous fruftrer des efpérances que nous avions conçues en les plantant, parce que leurs principes font changés par le duvet des Plantes dégenerées ou malades.

Pour finir je vais donner à mes

lecteurs une defcription des parties génératives des végetables, telles que je les ai obfervées avec les meilleurs Microfcopes, afin de leur expliquer quelques-unes des particularités les plus curieufes fur le fujet qui fait la matiere de ce Chapitre.

Planche feconde.

La figure premiere fait voir ;

A, le pédicule ou tige de la tulipe.

B, fon piftile.

C, une des étamines qui fort du pedicule de la tulipe.

D, le fommet ou tête de l'étamine qui renferme la farine fécondante, ou graine mâle, dans deux cellules qui fe fendent & s'ouvrent quand elles font mûres.

La figure feconde fait voir le piftile ou matrice de la tulipe, coupé horifontalement, & groffi par le moyen d'un Microfcope de Campani.

A , la cavité du vagin. La tunique de ce paffage ou cavité eft
compofée de vaiffeaux fort petits
qui font continués dans les différentes envelopes des ovaires , &
dans les œufs qui y font contenus
& marqués par 6, 6, 6, 6, 6, 6 :
tous ces vaiffeaux femblent fortir
de trois autres vaiffeaux plus gros
C, C, C, à travers lefquels la feve
monte de la racine en forme de
vapeur.

D , D , D , fait voir trois grands
vaiffeaux à travers lefquels la féve
defcend en liqueur fous la figure
de petits globules d'une couleur
bleuâtre.

Ces grands tuyaux détachent des
ramifications qui font environ
vingt fois plus petites qu'eux , &
qui paffant horifontalement à travers les différens ovaires fe parta-
gent en fibres plus petites , & enfin
fe perdent dans la tunique du vagin ; ils font tous d'une couleur
bleuë pâle.

E , E , E , défigne la partie char-
nue qui paroît être compofée de
plufieurs protuberances tranfparen-
tes d'une couleur jaune pâle , lefquelles vont en diminuant à mefure qu'elles approchent de l'envelope exterieure du piftile.

La figure troifiéme fait voir le
piftile ou matrice de la tulipe fendu
dans fa longueur A ; on y découvre
deux ovaires de chaque côté du
paffage du vagin.

B , le fommet d'une étamine d'où
fe détache la pouffiere fur C qui eft
l'embouchure extérieure du vagin ,
compofée de replis fpongieux , &
qui rend une liqueur gommeufe.

D , l'un des petales ou feuilles de
la fleur , qui naît fur le pédicule.
Remarquez que cette figure n'eft
point groffie.

La figure quatriéme fait voir une
partie du piftile fendu comme celui de la figure précedente , mais
groffi au Microfcope.

A ,

A, est la cavité du vagin dans laquelle on suppose que la farine tombe.

C, est le passage d'un des vaisseaux marqué C dans la seconde figure.

D, D, D, D, est la tunique de l'ovaire composée de beaucoup de petites fibres.

E, les œufs tels qu'ils sont attachés à l'ovaire.

F, une fibre déliée qui passe en longueur à travers la capsule, & qui semble attacher ensemble les œufs.

La figure cinquiéme représente la matrice d'une anemone simple environnée de ses étamines & de ses sommets : Il faut remarquer que les œufs de cette fleur sont nuds & placés au-dehors d'un petit bouton qui sort du milieu de la fleur.

Figure sixiéme représente le bouton fendu dans sa longueur avec les œufs qui l'environnent.

Tome I.　　　　　　　C

Figure septiéme, A est l'étamine de l'anemone garnie de son sommet de grandeur naturelle.

B, l'un des œufs ou graine de la même Plante détachée du bouton.

Figure huitiéme, l'étamine de l'anemone avec son sommet grossi au Microscope. On voit dans cette figure en A la racine de l'étamine.

B, B, B, B, la longueur de l'étamine depuis sa racine jusqu'au sommet, par laquelle on apperçoit que c'est un tuyau creux.

C, l'étamine couverte de sa farine.

Figure neuviéme nous fait voir une des graines ou œufs de l'anemone grossie au Microscope, dont l'envelope extérieure est couverte des vaisseaux capillaires roulés & entrelassés les uns dans les autres avec une représentation du col ou passage dans lequel on suppose que tombe le duvet mâle.

J'ai tâché d'expliquer ce que je

m'étois propofé de traiter dans ce Chapitre, c'eft-à-dire, que les Plantes ont une efpece de géneration fort analogue à celle des Animaux.

CHAPITRE III.

Des terreins propres à la nourriture des Plantes , & des compofitions néceffaires pour les faire croître promptement.

S I les Plantes dans leurs différentes efpeces tirent de la terre les alimens convenables à leur fubfiftance, & qu'elles profperent plus ou moins felon que les nourritures qu'elles reçoivent leur font plus ou moins propres , nous pouvons raifonnablement en conclure, qu'il y a dans les végetables une circulation de la féve qui reffemble , à plufieurs égards, à la circulation du fang dans le corps des Animaux ,

comme j'ai déja tâché de le faire
voir dans le premier Chapitre de
ce Traité. Or, il est certain que
dans les Animaux il y a une certaine espece d'alimens nécessaire
pour leur subsistance ; & que cette
nourriture, quand elle est digerée,
est la matiere dont se forme leur
sang, & que l'état de santé ou de
maladie de leurs corps dépend des
bonnes ou mauvaises qualités de
ce sang ; on peut donc en conclure
avec raison que nous devons rechercher la nourriture naturelle & propre au bien être de chaque Plante
que nous voulons cultiver, avec
autant de soin que nous en appor-
tons d'ordinaire pour fournir les
alimens convenables à chacun des
Animaux que nous avons dessein
de nourrir. La nourriture des Animaux terrestres consiste seulemant
en trois choses, qui sont la chair,
les herbes & les graines ou fruits.
De même aussi la nourriture des

Plantes terreftres eft de trois fortes, fçavoir, le fable, la terre franche & la terre glaife ; & comme les diffé- rentes efpeces de chairs, chaque tribu des herbes & toutes les grai- nes diverfes, ont chacune certaines fortes d'Animaux à la nourriture defquels elles font deftinées : de même auffi les différens dégrés de terre foit fable, terre franche ou glaife, contiennent une certaine proportion de fels propres pour fournir des alimens à chaque Plan- te. Je regarde les graines ou fruits comme la nourriture qui tient le milieu entre la chair & les herbes ; & on remarque que tout Animal terreftre pourroit vivre avec des graines, quoique fa nourriture na- turelle fût la chair ou le gazon. Par exemple, un Cheval dont les ali- mens propres font le foin, mangera fort bien du grain ; les Chiens & autres Animaux qui fe nourriffent de chair vivront fort bien avec des

graines ou fruits. C'est pourquoi je
suis d'avis que les sels contenus
dans la chair, dans le fruit & dans
l'herbe sont absolument les mêmes,
& qu'ils ne diffèrent que par leur
quantité ; c'est-à-dire, qu'il y aura
peut-être dans une livre de chair
deux fois autant de sels que dans
une livre de grains ou de fruits, &
dans une livre de grains deux fois
autant que dans une livre d'herbes.
Or, que tous ces sels soient propres pour la végetation, c'est ce
que prouve évidemment la coutume ordinaire que l'on a d'en-
fouir la paille ou litiere, la fougere,
le chaume & autres choses semblables pour engraisser la terre : De
plus si les fruits ou les graines
étoient bien consommés, une charge de cette matiere répandue sur
un certain espace de terrein en-
graisseroit plus la terre que dix
charges de litiere de cheval ou de
fumier ordinaire, dit le Chevalier

Hugues Platt, d'après ſes propres expériences ; & nous n'ignorons pas les effets prodigieux que produiſent les entrailles, la peau ou autres parties des Animaux qu'on enterre au pied des arbres.

Pareillement dans les ſels naturels, je ſuppoſe que ce que j'appelle terre franche tient le juſte milieu entre le ſable & la glaiſe, c'eſt-à-dire que c'eſt une eſpece de terre dont la nature eſt telle qu'elle participe également aux qualités de la glaiſe & du ſable. En effet tous les terreins que je ſçache peuvent être rapportés à ces trois claſſes générales ; ſçavoir, le ſable, la terre franche & la glaiſe ; car tous les autres, quoiqu'on leur donne des noms différens, participent en quelque maniere à l'une ou à l'autre de ces eſpeces. Le gravier & toutes les terres legeres juſqu'à ce qu'on parvienne à la terre franche ſont de l'eſpece du ſable. Depuis la terre

franche en defcendant jufqu'à ce
que nous arrivions à la fermeté de
la craye, tous les terreins peuvent
être rangés dans la claffe de la
glaife. Je trouve que tous ces fols
font également propres à la végetation, & qu'ils contiennent des
fels propres pour cela, mais dans
différentes proportions de quantité ; c'eft-à-dire, qu'une mefure
d'argile a peut-être deux fois autant
de fels que la même quantité de
terre franche, & que celle-ci en a
deux fois autant que la même quantité de fable. Or, d'après cet argument il fembleroit au premier coup
d'œil que l'argille fût le terrein le
plus convenable pour hâter l'accroiffement des Plantes ; nous fça-
vons cependant que les Plantes
croiffent bien plus vîte dans le fable
que partout ailleurs ; mais qu'il me
foit permis d'expliquer ce para-
doxe. L'argille dont les parties font
extrêmement ferrées & compactes

ne laiſſe point aiſément ſortir les
ſels qu'elle contient ; & les fibres
tendres de toutes les Plantes ne
peuvent point s'y ménager un paſ-
ſage pour aller chercher leur nourriture ; mais ſi nous ouvrons ſes
parties en la remuant & la rédui-
ſant en petites particules , & que
nous tenions ces parties ouvertes
par le mélange de quelque ſable
roide , ou de quelqu'autre corps
de la même nature , nous ne man-
querons pas d'appercevoir bientôt
les effets de ſa vigueur.

D'un autre côté le ſable eſt propre à faire pouſſer les Plantes qui y
croiſſent dès le commencement du
Printems , & les fera germer près
d'un mois plutôt que les Plantes
qui viennent dans l'argille. En voici
les raiſons ; c'eſt que les ſels que
contient le ſable n'ont rien qui les
empêche de s'exhaler & de ſe mettre en mouvement à la moindre
approche de la chaleur du Soleil ;

C v

mais auſſi comme ils commencent à travailler de bonne heure, ils s'exhalent bien vite & perdent leur vertu.

Il y a certaines Plantes qui croiſſent dans l'argille, c'eſt un terrein qui leur eſt propre, & conſéquemment elles s'y plaiſent mieux que dans tout autre.

Le ſable a auſſi des Plantes qui lui ſont naturelles, qui s'y plaiſent & ne viendroient pas ſi bien dans tout autre terrein.

Néanmoins les unes & les autres croîtront auſſi dans une terre franche, parce qu'elle participe aux qualités du ſable & de l'argille, comme les graines participent à celles de la chair & des herbes, pour ſervir d'alimens aux Animaux.

Il eſt bon d'avertir ici que les Planteurs attachent des idées différentes au mot *terre franche*. Les uns entendent par *terre franche* la terre ordinaire qui ſe trouve à la superficie, sans examiner si elle participe aux qualités du sable ou de l'argille; d'autres prétendent que la *terre franche* tient plus de l'argille que du sable : quoiqu'il en soit, je tâcherai d'éviter toutes les erreurs que pourroient occasionner ces différentes significations, & je déclare que toutes les fois qu'il m'arrivera d'employer ce terme, ce ne sera jamais que pour désigner une espece de terre qui participe également aux qualités du sable & de l'argille.

Cette terre donc que j'appelle *terre franche*, peut se rencontrer ou noire ou jaunâtre ; mais de quelque couleur qu'elle soit, l'expérience nous apprend que toutes les sortes de Plantes peuvent croître dans cette terre ; & les raisons que j'ai rapportées ci-devant prouvent que cette espece de terrein leur est plus favorable que toute autre, en quelque endroit qu'elle se rencontre.

C vj

Or, puiſque la terre franche,
ſuivant l'idée que j'attache à ce
terme, produit de ſi bons effets,
que les Plantes mêmes qui croiſſent
naturellement dans les différens
terreins, y réuſſiſſent fort bien, il
paroît donc raiſonnable, que, ſi en
mélangeant les terres naturelles
les unes avec les autres, nous en
pouvons former un terrein com-
poſé qui en approche de fort près,
nous attendions un plus grand ſuccès d'un mélange de cette ſorte.
(ſurtout dans les plantations des
arbres de longue durée) que de
toute autre compoſition qu'on
pourroit faire avec le fumier ou
autres ingrédiens qui forcent la
Nature. Car il eſt très-bon de remarquer que toutes les ſortes d'A-
nimaux & les végetables auſſi,
ſont d'autant plus durables, qu'ils
ont été nourris d'alimens plus ſimples & plus naturels, comme je l'ai
déja inſinué. Il eſt vrai que les

couches ou tous les autres moyens
de femblable nature avanceront
autant l'accroiffement des arbres
en un an , que la Nature feule le
feroit en fix ans ; le Docteur Agri-
cola de Ratifbonne prétend même
qu'il feroit croître des arbres de
haute futaye à la hauteur de vingt
pieds en peu de tems par le moyen
d'une compofition qu'il a imaginée;
mais on peut être affuré que ces
arbres ne dureront pas la moitié du tems qu'ils devroient durer ;
car on expérimente la même chofe
dans les Animaux & furtout dans
les Hommes qui abregent leur vie
par l'excès des alimens peu naturels & des liqueurs trop fortes; tandis que d'un autre côté, les gens
qui ont à peine de quoi fubfifter ,
& que la néceffité réduit à fe con-
tenter des alimens fimples & naturels que leur Pays leur fournit,
vivent long-tems ; ainfi je ferois
d'avis tant par les raifons que j'ai

alleguées que par les observations
& les recherches que j'ai faites sur
la cruë des arbres de haute futaye,
qu'on n'employât aucun moyen
violent pour les faire croître, si on
a dessein qu'ils durent long-tems,
& qu'ils réussissent bien ; il ne faut
pas non plus les tirer d'une pépiniere placée sur un terrein riche,
pour les exposer ensuite dans un
autre où ils ne trouveroient pas une
nourriture aussi abondante que celle
à laquelle ils sont accoutumés ; car
alors ils dégenereroient certainement & tromperoient nos espé-
rances. Il faut que la terre où nous
avons dessein de les planter soit
neuve, & ait ses parties bien ouvertes, & si on la crible il sera bon
de la frapper un peu auprès des
jeunes Plantes, & de les soutenir
jusqu'à ce qu'elles ayent acquis de
la force.

Je ne crois pas qu'il soit nécessaire d'expliquer plus amplement

que des quantités égales de fable &
d'argille bien mêlées enfemble donneront le terrein que l'on cherche,
dans le cas où on ne rencontreroit
pas facilement la terre franche ou
mere-terre dont je viens de parler.
Cela eft d'une grande utilité pour
ceux qui font de nouveaux plants ;
car on doit auffi confiderer la profondeur du terrein dans lequel les
arbres doivent par la fuite étendre
leurs racines, & d'où ils doivent
tirer leur principale nourriture ;
c'eft ce qu'on peut mieux connoître
par les obfervations particulières,
c'eft-à-dire en examinant les arbres
les plus vigoureux dans chaque
genre, en obfervant la qualité & la
profondeur du terrein dans lequel
ils ont crû ; & faifant les plantations d'après ces exemples : nous
trouverons ainfi qu'un chêne ne
fera jamais un bon arbre de haute
futaye s'il eft planté ou femé fur
un terrein peu profond & pierreux,

au lieu que le frêne y viendra à
merveille : c'eſt ce que je me pro-
poſe d'expliquer plus en détail dans
le Chapitre ſuivant ſur les arbres
de haute futaye.

Mais comme je vois que bien des
gens ne cherchent qu'à voir croître
promptement les arbres qu'ils plantent , ſans conſulter les avantages qui pourroient revenir à leurs
familles ſi leurs plantations croiſ-
ſoient d'une maniere naturelle &
réguliere , je vais enſeigner quelques mêlanges de terrein que l'expérience a fait regarder comme
très-propres à avancer l'accroiſſe-
ment des arbres.

Mélange premier. Si le terrein
eſt ſerré & d'une nature qui incline
du côté de l'argille , faites-le bien
briſer & *ouvrir* ; prenez - en cinq
charges que vous joindrez avec une
égale quantité de bois de bruyere
brûlé ; mêlez-bien ces ingrédiens
enſemble , & faites-les paſſer au

tamis après qu'ils auront été pendant un Hiver en monceau. Cette composition avancera extrêmement les arbres.

Second mélange. Ajoutez à quatre charges de terre ferrée que vous aurez brisée & ouverte comme ci-devant , une égale quantité de fable rude , à quoi vous joindrez deux charges de cendres de geneft, de fougere , d'herbes ou de bois brûlé ; mêlez bien le tout enfemble vers le mois de Septembre ou d'Octobre , & mettez-le en un monceau jufqu'au mois de Février fuivant , que vous le pafferez au tamis pour vous en fervir. Le Chevalier Guillaume Bruce , Gentilhomme Ecoffois , a fait ufage de ce mélange avec tout le fuccès qu'il en pouvoit défirer.

Troifiéme mélange. Prenez une charge de bois pourri , tel qu'on le trouve fous une pile de bois , ou faute de bois pourri une égale quan-

tité de feuilles pourries ; à l'une ou
l'autre de ces deux choses ajoutez
une charge de tourbe brûlée, deux
charges de fable & une égale quantité de terre compacte ; cette composition doit être bien mêlée & mife en tas depuis le mois d'Octobre
jusqu'au mois de Février, & enfuite criblée quand on voudra s'en
fervir. Remarquez - bien que ces
mélanges artificiels doivent toujours être composés vers le mois
d'Octobre, & passés au tamis dans
le Printems suivant, immédiatement avant que de s'en fervir ; car
fi on le préparoit au Printems, la
chaleur du Soleil en feroit exhaler
tous les esprits volatils, & outre
cela les mauvaises herbes feroient
fujettes à emporter toute la nourriture, à moins qu'on ne prît la précaution de le faire dans un endroit
ombragé & fous des arbres.

Quatriéme mélange. Prenez la
quantité d'une charge de navette,,

dont on a exprimé l'huile , ce qu'il est fort aisé de se procurer à peu de frais dans les moulins à navette ; ajoutez-y deux charges de sable , une de terre ferme & ferrée , & une de bruyere ou de tourbe brûlée , préparez ce mêlange comme les autres & criblez-le ; il contribuera beaucoup à faire croître prompte- ment les Plantes.

Cinquiéme mêlange. Prenez une charge de drêche après qu'elle a été braffée , ajoutez-y deux charges de sable , & autant de terre dure & ferrée ; mêlez & préparez le tout comme ci-devant ; & vous aurez une compofition admirable pour faire croître les Plantes fort vite.

Sixiéme mêlange. Le fumier de brebis mêlé avec une égale quan- tité de cendres de bois , & deux fois autant de terre franche ou mere - terre préparée comme ci- devant , fera croître beaucoup les arbres & les herbes en fort peu de tems.

Septiéme mélange.. Prenez deux
charges de fumier de cheval bien
confommé ; ajoutez-y une charge
de cendres de tourbe, deux charges
de fable & deux de terre ferme ;
préparez ce mélange comme auparavant ; il avancera confiderable-
ment l'accroiffement des Plantes.
Mais fi on peut trouver aifément
des cendres de charbon de terre,
mettez-les au lieu de la tourbe brûlée ; & ajoutez à la compofition
une charge de plus de terre ferme.

Indépendamment des mélanges
dont je viens de parler j'expoferai
encore ceux que je fçai avoir été
préparés avec le fumier de la vo-
laille qui fe nourrit de grains. Je
trouve ces ingrédiens fort chauds
& pleins de fels, capables de contribuer beaucoup à la végetation,
& beaucoup plus prompts dans
leur opération, que le fumier des
Animaux qui fe nourriffent d'herbes ; il ne faut pas s'en étonner, fi

ce qu'affure le Chevalier Hugues
Platt eſt vrai , qu'une charge de
grain engraiſſera plus la terre que
dix charges de fumier ordinaire ,
& d'après les expériences que j'ai
faites moi-même & dont j'ai fait
mention dans les quatriéme & cinquiéme mêlanges preſcrits dans ce
Chapitre. Or ſi le ſimple grain qui
n'eſt qu'infuſé (ſi je puis me ſervir
de ce terme) produit de ſi bons
effets dans les mêlanges ou engrais
que j'ai indiqués , nous pouvons
facilement nous figurer combien il
a plus de force, quand il a paſſé par
le corps des Animaux. J'aurois encore bien des choſes à dire ſur cet
article ; mais comme j'ai deſſein
d'être le moins long qu'il me ſera
poſſible , & que je me ſuis propoſé
principalement dans ce Livre, de
publier des expériences qui peuvent contribuer à perfectionner les
plants d'arbres de haute futaye ; je
ne m'étendrai pas davantage ſur

la différence des terreins ; mais je
réserverai quelques particularités
pour un autre ouvrage, & je termi-
nerai ce Chapitre par deux ou trois
remarques très-courtes. D'abord
une préparation de terrein naturel
qui puisse imiter la terre franche
ou mere-terre dont j'ai parlé, est
assurément la meilleure pour toutes
les sortes d'arbres de haute futaye
qu'on peut planter ou semer, si on
a dessein qu'ils réussissent bien ;
mais si on cherche plutôt à faire
croître ces arbres vite & que par
conséquent ils soient sujets à dégenerer & à être endommagés par la
rouille, j'ai donné la composition
de ces engrais qui les feront avancer fort vite ; mais mon avis est
qu'il vaut mieux en faire usage
dans les jardins pour la production
des Plantes qui ne durent pas long-
tems.

CHAPITRE IV.

Des arbres de haute futaye & des taillis , de la coupe des bois & de la maniere de les cultiver & de les bien nétoyer.

SECTION I.

Des arbres de haute futaye.

COMME rien ne facilite plus le progrès, l'ornement & le bien d'un État , que les plantations fuffifantes d'arbres de haute futaye faites à propos ; j'ai choifi pour fujet de ce Chapitre la maniere de multiplier les bois ; ce que j'ai déja dit dans les précedens peut à mon avis contribuer beaucoup à nous faire réuffir dans une entreprife qui tour-

neroit au grand avantage de tous
les gens riches, si elle étoit bien
conduite. Car quand un particulier
se verroit possesseur d'une fortune
brillante, supposons de 200000 l.
de revenu, il ne doit point perdre
de vûe que dans la suite il sera
obligé de démembrer ce bien pour
pourvoir à l'établissement de ses
enfans, suivant sa condition; & de
plus, que ses enfans seront obligés
aussi d'en faire autant pour les leurs,
jusqu'à ce qu'enfin après six ou sept
générations nous trouverons la fortune du pere divisée en tant de parties, qu'il restera à peine à ses des-
cendans une ombre de la fortune
brillante de leur ancêtre. Or, je
dis que ce seroit une grande marque de prudence pour tout homme
riche, non-seulement d'employer
tous les moyens nécessaires pour
conserver sa fortune dans son entier, mais encore de la faire passer à sa famille, & de la mettre
                    sagement

fagement à l'abri des revers , &
même des fuites naturelles dont je
viens de parler, en y faifant à propos des plantations qui feroient autant de monumens de fa fageffe, &
autant de tréfors qu'il formeroit
pour le bien de fa pofterité. D'ailleurs combien de pareilles plantations ne feroient-elles pas avanta-
geufes dans le cas des évenemens
extraordinaires, comme la profu-
fion d'un jeune héritier, la découverte d'une mine de plomb ou de
fer, qui demandent des quantités
prodigieufes de bois pour les faire
valoir, ou bien quand il s'agit de
faire une grande fomme d'argent
dans un befoin. Je puis encore
ajouter qu'outre l'interêt particulier des proprietaires, l'interêt général & le bien de la Nation le
demandent. La fituation avanta-
geufe de l'Angleterre par rapport
au commerce, & les profits im-
menfes qu'elle retire de fes Flotes,

Tome I.   D

(on peut en dire autant de tous les
autres Etats) font plus que fuffifans
pour nous convaincre des avantages & de l'utilité qu'on pourroit
tirer des bois , qui felon les apparences deviendront plus chers que
jamais, puifqu'on en coupe tous
les jours une fi grande quantité , &
qu'on prend fi peu de foin d'en
faire de nouvelles plantations pour
fuppléer au befoin dans la fuite des
tems. En un mot l'état préfent des
bois de haute futaye en Angleterre
eft fi peu confiderable , eu égard à
la confommation qui s'en fait , &
même ce qu'il en refte eft en général fi négligé , que je m'imagine
que le Public recevra avec plaifir
les inftructions que je lui préfente
pour en perfectionner la culture.

Les arbres de haute futaye qui
viennent communément en Angleterre font le chêne , le frêne , le
hêtre , l'orme , le châtaignier & le
noyer ; ceux-ci font de la premiere

claffe ; on peut y ajouter le chêne toujours verd.

Ceux du fecond ordre qui forment les taillis & qui font d'un ufage moins néceffaire, font le noifetier, l'aune, le faule & quelques autres moins confiderables.

Le chêne ainfi que toutes les autres Plantes, ont des varietés qui font connues des Botaniftes. J'en ai remarqué d'environ cinq fortes en Angleterre ; mais il y en a deux principalement dont je recommande la culture ; le premier & le meilleur à mon avis eft le chêne haut, qui vient plus droit que les autres ; & le fecond eft celui qui étend fes branches au large. Nous avons des exemples de chênes de ces deux efpeces qui font devenus d'une grandeur fi prodigieufe que le bois feul d'un arbre a été vendu jufqu'à 1100 livres. Le chêne eft l'arbre qui fournit le bois le plus néceffaire non-feulement

pour l'architecture navale , mais
encore pour les autres bâtimens.
Son écorce est à l'usage des Tan-
neurs ; c'est pourquoi on ne le
coupe que vers le mois d'Avril,
après en avoir ôté l'écorce. Le
gland est la meilleure nourriture
pour engraisser les porcs. Cet arbre
se plaît beaucoup dans un terrein
un peu humide & d'une bonne
profondeur , & réussiroit dans l'argile la plus froide, & même,comme
le dit M. Evelin, dans le gravier.
On a remarqué aussi quelques chênes plantés en avenuës qui ont
poussé dans l'espace de trente ans
un tronc d'un pied de diametre.
J'ai vû moi-même des chênes venus de semence , qui en vingt ans
de tems avoient atteint la même
grosseur sans jamais avoir été transplantés ; je conseillerois fort à ceux
qui veulent faire des plantations
de chênes de sémer les glands dans
le lieu même où ils veulent qu'ils

restent, & de choisir avec soin ceux qui viennent d'arbres vigoureux, pour les raisons que j'ai rapportées ci-devant; il doit y avoir entre les chênes environ trente - trois pieds de distance qu'on peut remplir en y semant ou plantant du taillis, comme je l'expliquerai dans le Chapitre suivant.

Il y a deux sortes de frênes (distingués mal-à-propos par les noms de mâle & de femelle) qui méritent bien nos soins, parce qu'ils poussent vîte & croissent d'une hauteur considerable; mais outre cela, il y en a encore plusieurs autres especes qui ne valent pas la peine que nous en parlions; de maniere qu'il y a bien du choix à faire dans les graines qu'on a dessein de semer. J'ai entendu parler de frênes de quarante ans, produits de semence, qui avoient été vendus 500 liv. la piéce, & qui avoient cru dans un terrein uni & pas trop

profond. M. Evelin nous apprend
qu'un particulier planta pendant le
cours de sa vie une si grande quantité de ces sortes d'arbres, qu'on
les avoit estimés plus d'un million ;
c'est ce qu'il remarque comme une
preuve du profit qu'on peut faire
avec un peu d'industrie, & en s'a-
musant. La graine de cet arbre se
seme en Automne, ou bien on la
met dans le sable aux environs de
ce tems, jusqu'au Printems suivant,
& pour lors on la seme. Le bois du
frêne sert pour faire des charuës,
des essieux, des jentes, des rouës,
des rames & beaucoup d'autres ouvrages. Et si l'on cultivoit le frêne
pour le taillis seulement, on pourroit en tirer un bon parti pour faire
des cerceaux & des perches. On
peut les couper aux mois de Janvier & Février.

Le hêtre se plaît sur les montagnes. Cet arbre réussit fort bien dans
la Province de Berkshire sur des

montagnes de craye, & vient d'une hauteur confiderable. Son bois fert à faire des quilles de Vaiffeaux, & beaucoup d'uftenciles de labourage ; c'eft le bois à brûler le plus commun en Angleterre, & furtout autour de Londres où on le brûle communément en buches. On fe fert beaucoup de ce bois aux mines de charbon auprès de Newcaftle fur Tine pour faire des chemins de charois, par-deffus lefquels roulent pendant l'efpace de plufieurs milles les rouës des chariots de charbon, pour épargner la dépenfe des pavés. Ce bois fe conferve fort long-tems dans les terres marécageufes, & on l'eftime beaucoup pour cet ufage. Il y a long-tems que les Français tirent de fa graine qu'on appelle faine une huile fort douce & bonne à manger ; & on pratique la même chofe depuis peu en Angleterre. Sa graine eft auffi fort bonne pour nourrir les cerfs, les porcs &

les oifeaux. On doit la femer en
Automne, ou la conferver dans le
fable comme le fruit du frêne jufqu'au Printems afin de la garantir
des vers. Son bois fe doit couper
comme le précedent.

On trouve fréquemment en Angleterre plufieurs fortes d'ormes,
entre lefquels l'orme ordinaire ou
de montagne eft le plus eftimé pour
la charpente : c'eft pourquoi je recommande aux Planteurs cette efpece préférablement à toutes les
autres. On peut la multiplier de
femence qui meurit & tombe vers
la fin d'Avril ou au commencement de Mai ; il faut alors la femer
dans une bonne terre bien criblée, ou dans celle que j'ai appellée *terre franche* au Chapitre
précedent. On doit choifir pour la
pépiniere un canton couvert d'ombre & l'arrofer de tems en tems à
mefure que la terre vient à fécher ;
mais indépendamment de cette

maniere de faire venir les ormes, on peut encore les multiplier par les rejettons, ou de boutures ; ces premiers doivent être tranfplantés dans des carreaux de bonne terre au commencement de Mars , & être entretenus toujours humides. L'orme reprend de fa nature fi aifément, qu'il y a des gens qui affurent qu'en en femant feulement des coupeaux dans une piéce de terre labourée, ils ont produit une grande quantité de ces arbres : ce qui n'eft peut-être pas impoffible ; car je fuis bien fûr qu'il y a des cas où les bourgeons, les feuilles & même les racines fibreufes des Plantes végetent & produifent des arbres : par exemple , on a fait prendre racine à des feuilles d'orangers , qui ont pouffé des branches, des feuilles , des fleurs & du fruit , en les enfonçant a moitié dans la terre : & M. Fairchild de Hoxton a fait la même chofe avec des feuilles de

D v

laurier thin. Néanmoins de quelque
maniere qu'on s'y prenne pour faire
venir nos ormes, je ne conseille-
rai pas de les transplanter de leurs
premiers lits, qu'ils n'y ayent resté
deux ans ; pour lors on les placera
plus éloignés les uns des autres, &
on les laissera jusqu'à ce qu'on les
plante à demeure à environ vingt
pieds de distance dans des lits de
terre franche bien criblée, comme
je l'ai enseigné : Ils croissent vite,
fournissent un bel ombrage & donnent un excellent bois : & si on
greffe sur cette espece des ormes
d'Hollande, on peut esperer qu'ils
produiront des tiges de plus de
huit pieds de longueur en un an,
& pousseront des feuilles d'une
grandeur extraordinaire ; mais alors
le bois n'en feroit pas si bon. Cet
arbre se plaît dans une terre passa-
blement fertile, qui ne doit être ni
trop seche & sabloneuse, ni trop
froide & spongieuse ; il ne lui faut

pas non plus un fond de terre trop profond. On doit humecter modérément le terrein après l'avoir planté : mais pour tenir la terre d'autour des racines plus ouverte & plus disposée à recevoir l'humidité, on couvrira le lit dans lequel on le plante avec de la fougere pourrie ou autre matiere semblable. Un an ou deux après avoir planté les ormes, on rafraîchira les jeunes fibres qui font à l'extrêmité des racines avec un peu de bonne terre bien passée au crible, ou avec quelqu'un des quatre premiers mêlanges indiqués dans le Chapitre précedent, qui feront pousser l'arbre prodigieusement ; car ils contiennent une grande abondance de sels végétatifs. Le bois de cet arbre est d'une grande utilité, en ce qu'il dure fort long-tems dans les endroits où il est exposé à l'humidité. On s'en sert avec succès pour les tuyaux, les pompes, les moulins & autres parties des Vaiſſeaux qui ſe trouvent toujours ſous l'eau. En un mot il eſt d'un uſage preſque général. Le tems de ſa coupe eſt depuis le mois de Novembre juſqu'au mois de Février.

Nous avons en Angleterre deux eſpeces de Châtaigniers, l'un qui porte des fruits bons à manger, & l'autre qu'on appelle *châtaignier de cheval*. Le premier fournit de bon bois, & le dernier n'eſt eſtimé que pour la beauté de ſon ombre & de ſes fleurs. On peut faire venir ces deux arbres en plantant les châtaignes à environ trois pouces de profondeur dans un terrein leger & ſabloneux vers la fin de Février ou au commencement de Mars; mais comme il n'y a que le premier qui ſoit utile, je le recommanderai au Foreſtier préférablement à l'autre. Il ſe plaît dans les terreins élevés, éloignés de l'eau qui en détruiroit en même-tems le bois & le fruit.

On doit le multiplier en semant son fruit à l'endroit où il veut toujours demeurer ; car on ne pourroit pas le transplanter sans qu'il souffrît considerablement ; & il étendroit trop ses branches, lorsqu'il viendroit à perdre sa racine pyramidale, comme on sçait que font tous les autres arbres à semblables racines. Son bois est de durée tant qu'il est tenu séchement : il est fort propre pour le bâtiment, & lorsqu'on le plante en taillis, il fournit en neuf années de tems d'excellentes perches & échalats qui se vendent au moins 11 livres le cent. On en sert quelquefois le fruit sur table ; mais on le donne plus communément aux cerfs & aux autres bestiaux pour les engraisser. On doit couper cet arbre depuis le mois de Novembre jusqu'en Février.

Les Botanistes distinguent plusieurs sortes de noyers ; mais je

n'en recommanderai que deux aux
Planteurs ; sçavoir, celui qui a la
coquille molle, à cause de son
fruit, & celui dont le grain est noir
pour la bonté de son bois. Tous les
deux se multiplient par le moyen
de leur fruit, ainsi que les châtaigniers, & doivent pareillement être
plantés dans le lieu où on a dessein
qu'ils demeurent. Ces noyers sont
en grand danger de périr, lorsqu'ils perdent leurs racines piramidales, & au contraire réussiront
parfaitement bien s'ils rencontrent
une terre assez profonde pour y
pouvoir enfoncer leurs racines. Le
noyer se plaît bien dans la terre
forte ; mais il réussit aussi dans la
craye & dans le gravier, soit sur
une éminence ou dans une vallée ;
preuve, à mon avis, qu'originairement c'est une Plante étrangere ; car comme je l'ai remarqué,
toutes les Plantes originaires d'Angleterre demandent un sol & une

expofition particuliere , hors defquels il eft difficile de les faire
croître. J'ai vû quelquefois des
noyers de quarante ans produits de
noix & eftimés dix piftoles la piéce,
tandis que d'autres du même âge
plantés aux environs ne valoient
pas 36 livres chacun , de l'aveu
même du proprietaire. J'ai fait
auffi la même expérience fur d'autres arbres à racines piramidales ;
mais principalement fur des chênes ; tant il eft vrai que par rapport
à l'accroiffement des Plantes dont
les racines pouffent droit en en-
bas , il y a beaucoup de différence
entre celles qu'on a multipliées
par le moyen des glands ou noix ,
& celles que l'on tire de la pépiniere pour les tranfplanter ; on fe
fert du bois de noyer pour faire des
chaifes , des armoires & autres
meubles : il dure beaucoup , & fon
amertume exceffive empêche les
vers de s'y mettre. Les noix four-

niſſent beaucoup d'huille, & c'eſt
un des meilleurs fruits qui ſe ſervent ſur la table. On doit couper
ces arbres dans le tems que la ſéve
eſt arrêtée ; c'eſt-à-dire, depuis Novembre juſqu'en Février.

Le Chêne verd eſt une Plante
qui produit un bois de charpente
admirable, mais on l'eſtime particulierement à cauſe de ſon bois ge-
nouilleux qui eſt beaucoup plus
dur que celui des chênes d'Angleterre. Cet arbre croit fort vite &
vient d'une hauteur conſiderable
juſqu'à égaler même celle de nos
plus grands chênes Anglois ; il faut
ajouter à ces qualités la beauté de
ſes feuilles qui conſervent leur verdure tout l'Hiver.

Un Particulier fort curieux nommé Robert Balle, Ecuyer & Membre de la Societé Royale, entr'autres expériences qu'il a tentées pour
le bien de ſon Pays, a cultivé une
grande quantité de ces arbres à

Mainhead dans la Province de Devon, dont quelques-uns font devenus dans l'efpace de trente ans d'une hauteur confiderable. Il feroit à fouhaiter que d'autres fuiviffent fon exemple, & s'occupaffent à multiplier des arbres auffi beaux & auffi utiles. Ce Gentilhomme a fait croître de glands plufieurs milliers de ces arbres, qu'il a tranfplantés enfuite avec beaucoup de prudence & de fuccès. Pour fuivre fa méthode, il faut enterrer les glands dans une terre franche bien criblée, les mettre dans des pots vers le mois de Février, & les en ôter avec la motte de terre au bout de deux ans, pour les tranfplanter enfuite à des diftances convenables dans les lieux où on veut que ces arbres croiffent. Ces chênes ainfi que ceux d'Angleterre ont la racine pyramidale, & conféquemment fe plaifent dans une terre fraîche, plutôt en plaine

que fur les montagnes. Si on
confulte l'anatomie des Plantes,
on doit bien prendre garde de ne
point endommager leurs racines
piramidales qui répondent toujours
à la tige droite qui eft au fommet
de l'arbre ; il y a donc lieu de croire
que quand une Plante eft privée
d'une partie de cette racine qui
poufle droit en en-bas, elle court
rifque de perdre auffi cette tige du
fommet qui en tire toute fa nourriture. A la vérité, un arbre dont on
a coupé cette racine droite peut
bien en pouffer de nouvelles ; mais
on fçait par expérience que la féve
produit alors des branches laterales, & difcontinuë de pouffer en
droite ligne. On peut couper cet
arbre ainfi que les autres chênes à
caufe de fon écorce ; les glands
en font bons pour nourrir les bêtes
fauves & les oifeaux, qui fe plaifent fort à l'ombre de ces chênes.

SECTION II.

Des taillis.

APRE's avoir fait l'énumeration des arbres les plus recherchés pour le bois de charpente, je dois parcourir enfuite ceux qui fourniffent une récolte abondante de bon bois taillis : J'ai déja remarqué que le frêne & le châtaignier peuvent être employés en taillis, & qu'ils produifent un revenu confiderable au Proprietaire. Celui que je propoferois enfuite pour cet ufage, feroit le coudrier, qui, quand il eft bien gouverné, forme un excellent taillis. On multiplie cet arbre en femant les noifettes peu de tems après qu'elles font mûres, dans un fond de terre froid, fec & fablonneux. Mais fi le fol approche un peu de la nature de l'argille, il faut

avant que de les semer, le labourer
& le laisser attendrir par les gelées
jusqu'au mois de Février : les personnes expérimentées sont d'avis
que, quand les Plantes sont levées,
il faut les nétoyer des mauvaises
herbes, & les éclaircir de façon
qu'il y ait trois pieds de distance
entre chaque Plante ; & au bout
de trois ans les couper à un demi
pied de la surface de la terre, au
moyen de quoi on leur fera pousser
beaucoup de rejettons de la même
tige ; qui au bout de neuf ans,
c'est-à-dire après douze ans, à
compter du tems de leur semence,
seront en état d'être coupés pour en
faire des perches, des cerceaux,
des fagots & autres choses semblables ; mais si on aime mieux en fabri-
quer des clayes, pour lors on doit
les couper au bout de cinq ans.
Après la premiere coupe, on peut
encore les couper s'ils se plaisent
dans le terrein, au bout de sept ou

huit ans pour en faire des perches
& des cerceaux comme auparavant,
& continuer ainſi de tems en tems,
lorſque l'occaſion s'en préſente. On
peut auſſi multiplier ces arbres par
le moyen des rejettons qui pouſſent ſouvent autour de la racine
des vieux arbres ; mais il n'eſt pas
ſûr qu'ils reprennent après avoir
été tranſplantés, à moins que l'on
n'ait bien ſoin de les arroſer juſqu'à
ce qu'ils ayent pouſſé de fortes racines. On peut faire une plantation de cette eſpece en tout tems,
depuis le mois d'Octobre juſqu'au
commencement de Mars ; mais il
faut choiſir un tems clair, & mettre les branches à trois pieds de
diſtance les unes des autres, & au
commencement d'Avril ſuivant,
les couper à un demi pied de terre.
On peut encore les multiplier en
couchant les branches ou rejettons
à trois pouces de profondeur en
terre, ce qui fournira en un an de

tems une grande quantité de jeunes plantes. Cette opération doit se faire vers la fin du mois d'Octobre.

L'Arbre dont je vais parler ensuite est le Saule, plante amphibie. Les Botanistes en distinguent de bien des especes, dont je ne pourrois pas rapporter ici les différens noms, sans embarrasser la mémoire de mes Lecteurs; c'est pourquoi je ne ferai mention que de deux especes, sçavoir l'Ozier, qui fournit des baguettes pliantes & des brins aux Tonneliers, & l'espece plus grande qu'on appelle Saule.

Premierement donc, les Oziers qui nous fournissent dequoi faire les ouvrages de Vannerie, se multiplient en couchant des rejettons de deux ou trois ans à environ un pied de profondeur dans un terrein marécageux ou humide, à deux pieds de distance les uns des autres; cette opération doit se faire

vers le milieu du mois de Février
par un tems ferein ; deux ans après
on doit en couper le fommet, &
laiffer leurs tiges d'environ un pied
au-deffus de terre : ainfi ils repouf-
feront des brins qu'on coupera encore de fort bonne heure le Printems fuivant ; on continuera ainfi
tous les ans, & le Proprietaire ti-
rera de ces plans un profit confidé-
rable. Une acre de terre ainfi cultivée, produira plus de revenu
qu'une égale portion de terre fe-
mée en bled ou autre grain ; & c'eft
peut être par cette raifon que quelques-uns prétendent gagner de
groffes fommes d'argent en plantant ainfi plufieurs milliers d'acres
de terre, comme j'ai appris que
bien des Particuliers fe propofoient
de le faire. Il eft sûr que les Oziers
font une marchandife d'un bon dé-
bit pour le préfent ; mais je crois
que fi on en plantoit feulement une
fois autant qu'il y en a déja en An-

gleterre, les marchés en feroient
furchargés, & ils diminueroient
beaucoup de prix. D'ailleurs, comme je l'ai déja dit, toutes les terres ne font pas propres pour cela.
On trouvera dans ce Traité quelles font les différentes fortes d'arbres utiles, les différens terreins
qu'ils demandent & où ils fe plaifent, & les grands revenus qu'ils
produifent, quand de grandes plantations des différentes efpeces font
dirigées par un Planteur intelli-
gent, qui fçait placer dans chaque
terrein les différens arbres qui y
font propres. Je vais maintenant
donner quelques regles fur la maniere de multiplier les grands Saules qui feront auffi en peu d'années
d'un grand rapport, quoique ce
ne foit pas un arbre de longue durée. On en employe le bois pour
façonner des perches & autres chofes femblables. Ses branches de
trois ou quatre ans, & d'environ
douze

douze pieds de longueur , étant
mifes en terre à près de deux pieds
de profondeur , & à quinze pieds
de diftance les uns des autres au
mois de Février , formeront bientôt de beaux arbres qui donneront
des boutures tous les cinq ans ; ces
arbres fe plaifent dans un terrein
humide & ne réuffiffent jamais
dans aucun autre. Je dois ajouter
que ce faule , ainfi que quelques
autres efpeces , peut être multiplié
de graines qui croiffent fur les plantes femelles , en les femant dans
une terre humide & marecageufe ,
comme on le pratique en France
& dans d'autres Païs.

L'Aune fe plaît dans les lieux
marecageux plus que tous les autres arbres , & on doit le cultiver
dans les lieux humides les plus
froids. Cette plante amphibie fe
multiplie fort bien par le moyen
de branches d'environ trois pieds
de longueur: on les couche à un

Tome I.   E

pied de profondeur vers le mois de Février : les Aunes réuſſiſſent bien ſur le bord des rivieres & pouſſent en trois ou quatre ans des rejettons qui ſont en état d'être coupés, & que l'on vend très-avantageuſement pour faire des perches & pour d'autres uſages ; c'eſt un bois de durée quand il reſte continuellement dans l'eau, & qui, ſi nous en croyons Joſeph Bauhin, ſe pétrifie avec le tems ; mais il ne dure pas long-tems, lorſqu'il eſt tantôt mouillé & tantôt ſec. On multiplie auſſi cet arbre de graine en Flandres où on en tire un grand revenu.

SECTION III.

De la coupe des Bois ; de la maniere d'éclaircir & émonder les Bois.

EN parcourant ainſi en peu de mots les différentes eſpeces d'arbres que je conseillerois de planter, soit en haute futaye * soit en taillis; j'ai tâché d'assigner les différentes terres & les expositions qui sont propres à chacun de ceux que je crois de quelque utilité, parce qu'il se rencontre souvent dans l'espace d'une acre différentes qualités de terrein, à chacune desquelles les uns ou les autres des arbres que j'ai nommés doivent être employés. Mais comme je suppose que quiconque entreprend de former une plantation, ne veut planter que sur sa propre terre, ou du moins sur un sol qui après lui doit passer de droit dans sa famille, il y a lieu de croire qu'une telle personne a déja sur son bien quelques arbres qui croissent, d'autres qui sont dans leur force, & enfin d'autres qui dépérissent. Or je dis que ce seroit

---

* Voyez à la fin du chapitre V. une énumeration plus complette des arbres & taillis dont il n'est point parlé dans ce chapitre.

E ij

affurement un bon ménage de couper ces arbres à mesure qu'ils commencent à déperir, soit par trop de vetufté, ou pour être trop proches les uns des autres.

Par rapport au premier cas, je n'ai pas d'autre confeil à donner que de les couper quand ils font en état de l'être; mais dans le fecond, c'eft-à-dire, quand les arbres font trop ferrés, il faut laiffer croître & fubfifter les arbres qui réuffiffent le mieux, & couper les autres jufqu'à la racine, en laiffant un efpace convenable entre ceux qui reftent & qui doit être tel que leurs fommets ou tiges puiffent croître & profiter. Lawfon, Auteur Anglois, qui a travaillé plus de quarante ans à gouverner & cultiver des bois & des arbres de haute futaye, nous a donné de bons préceptes fur la maniere d'éclaircir & de gouverner les arbres. Comme ils font courts, je vais rapporter ici fes propres termes.

„ Combien y a-t-il de Forêts &
„ de Bois, où pour un bon arbre,
„ on en voit quatre & quelquefois
„ vingt mauvais, pourris, languif-
„ fans tant qu'ils fubfiftent : au lieu
„ d'arbres on y voit des milliers de
„ buiffons & de ronces ! Combien
„ ne voit-on pas partout d'arbres
„ malades & creux, de branches
„ mortes, de têtes fannées, de
„ troncs cicatrifés qui fe chargent
„ de mouffe, & de branches lan-
„ guiffantes? De pareilles branches
„ ne font abfolument aucun profit;
„ c'eft du bois ulceré, crochu,
„ petit & court. Combien ne voit-
„ on pas de ronces, de buiffons,
„ de mauvais noifetiers, d'épines
„ & d'autres bois inutiles, dont on
„ auroit pu faire avec des foins de
„ bons & grands arbres? Exami-
„ nons donc quelle en eft la caufe.

„ Le petit Bois & même une
„ grande partie du grand a été gâté
„ pour avoir été mal gouverné &

„ cultivé, fans foin & à contre-
„ tems. Les plus grands arbres ont
„ été garnis & furchargés dès leur
„ naiffance de branches gourman-
„ des, qui non-feulement ont dé-
„ tourné la féve du corps de l'ar-
„ bre, mais encore l'ont rendu
„ noueux, & fe font remplis de
„ mouffe elles - mêmes auffi-bien
„ que la tige principale, faute d'a-
„ voir été émondées ; au lieu que
„ fi dès leur premiere cruë on eût
„ enlevé toutes les branches à l'ex-
„ ception du fommet, & qu'on
„ eût nettoyé le corps de l'arbre
„ tout au tour, toute la force de la
„ féve auroit pouffé en groffeur &
„ en hauteur ; & ainfi l'arbre auroit
„ recouvert fes nœuds & pouffé un
„ corps beau, long & droit, propre
„ pour la charpente, gros à pro-
„ portion & d'une longue durée.

„ Si tous les arbres de charpente
„ étoient tels, dira-t-on, comment
„ auroit-on du bois courbe pour les
„ roues, les jentes, &c ?

„ *Réponse.* Dreſſez-les tant que
„ vous pourrez, vous en aurez en-
„ core aſſez de crochus pour les
„ employer à ces uſages.

„ Il y a plus : j'ai vu des endroits
„ où les arbres ſont ſi ſerrés les uns
„ contre les autres, que ni eux-
„ mêmes, ni la terre, ne peuvent
„ profiter deſſous ou auprès d'eux;
„ le ſoleil même, la pluye, ni l'air
„ ne peuvent pas y pénetrer.

„ Je vois un grand nombre d'en-
„ droits, où d'une ſeule racine il
„ pouſſe trois ou quatre petits chê-
„ nes ou frênes grands & droits (&
„ quelquefois plus, ſelon l'avidité
„ mal entenduë des gens qui pour
„ vouloir trop avoir n'ont rien de
„ bon,) parce que les racines four-
„ niſſent abondamment de la féve,
„ lorſqu'elles commencent à pouſ-
„ ſer ; mais ſi on n'en eût laiſſé
„ croître qu'un ſeul, & qu'on l'eût
„ bien émondé & nettoyé juſqu'au
„ ſommet, on en auroit fait un bel

,, arbre avec le tems ; on voit clai-
,, rement par l'abondance & la fa-
,, cilité avec laquelle ces racines
,, croiſſent, quoique bien bleſſées,
,, combien il ſeroit avantageux
,, pour les Proprietaires & pour
,, l'Etat, que les bois fuſſent gou-
,, vernés & taillés avec ſoin. En
,, coupant les branches gourman-
,, des & celles qui ſont trop ſerrées,
,, on auroit bien des perches & du
,, bois à brûler ; & le corps de
,, l'arbre deviendroit avec le tems
,, fort, long & gros.

De tout ce qui vient d'être dit
par rapport à la néceſſité d'éclaircir, tailler & émonder les bois, il
en reſulte tout naturellement deux
avantages pour le Proprietaire ;
premierement, que le profit qui
reviendra de la coupe du taillis,
du bois malade & de celui qui dé-
perit, produira une ſomme d'argent
ſuffiſante pour former de grandes
plantations : 2°. Que les arbres

qu'on laissera subsister, après avoir
fait ce retranchement, croîtront
& réussiront extrêmement bien,
parce qu'ils auront alors la liberté
de recevoir de la terre une plus
grande abondance de nourriture,&
jouiront d'une quantité suffisante
d'air à proportion de leur âge & de
leur force.

CHAPITRE V.

Maniere de planter une acre de terre
en haute futaye & en taillis, avec
le profit que produit cette planta-
tion en neuf, en dix-sept & en
vingt-cinq ans de tems.

S I je considere les grands avantages que l'Angleterre en général
a tirés des bois de son propre cru,
comment ses flotes, dont elle est
redevable à ses chênes, lui ont acquis le degré de puissance qu'elle a
E v

fur les mers, & que c'eſt par eux qu'elle jouit maintenant du privilege d'un commerce univerſel, ſans compter l'utilité qui en reſulte pour tous les Particuliers qui les poſſedent : je ne ſçaurois m'empêcher d'être étonné que la culture des bois qui ſont une marchandiſe ſi excellente & en même-tems un ornement pour le Païs, ſoit à préſent ſi négligée parmi nous; d'autant plus que nos proviſions touchent à leur fin, & que ſuivant toutes les apparences nous ſerons contraints d'ici à quelques années, d'en faire venir des Païs étrangers.

S'il m'eſt permis de dire ce que j'en penſe, je conçois que le déperiſſement actuel de nos bois vient de l'une ou l'autre des raiſons ſuivantes.

1°. Que ce ſeroit pour nous une dépenſe immédiate que d'entreprendre de former de nouvelles plantations.

2°. Qu'on ne peut pas espérer de recueillir soi-même aucun profit des plantations qu'on pourroit faire à présent. Ou bien :

3°. De ce que les personnes qui possedent déja des bois, en tirent peu d'avantage, faute d'en avoir soin & de les bien gouverner.

Je crois avoir répondu à la premiere & à la troisiéme de ces objections dans le chapitre précedent, où j'ai expliqué combien il est utile d'éclaircir & bien émonder les bois. Cette opération produit non-feulement de quoi fournir aux dépenses d'une nouvelle plantation ; mais encore les bois qu'on laisse subsister en viennent beaucoup mieux.

Il ne me reste plus maintenant qu'à répondre à la seconde objection ; sçavoir qu'on ne peut pas se promettre de recueillir soi-même le fruit des plantations qu'on feroit, mais j'espere que la méthode que je vais proposer ici satisfera pleinement à cette difficulté. E v j

Pour cet effet je recommande-
rois à tous ceux qui voudront planter maintenant ou par la suite, d'entremêler leurs plantations de bois
de haute futaye & de taillis.

Or le taillis que je ferois d'avis
qu'on mêlât avec les arbres de haute
futaye, peut être coupé huit ou
neuf ans après avoir été planté, &
ainsi il produira de huit ans en huit
ans un revenu considerable, comme il fera aisé de le voir par le calcul que je ferai ci-après.

2°. Les plans destinés pour former les taillis, qui environneront
de tous côtés les jeunes arbres de
haute futaye, les garantiront non-
seulement des bouffées de vent qui
pourroient les endommager, mais
encore en retenant l'air d'alentour,
les feront pousser droit & en hauteur jusqu'à ce qu'ils puissent se
garantir eux-mêmes, & soient assez
forts pour supporter la rigueur du
tems.

Mais pour entrer en matiere: On doit deſtiner à ces plantations un fonds de terre qui ne ſoit pas propre à produire du bled, ou du moins qui ne puiſſe en rapporter qu'une recolte très-médiocre. Je ſuppoſe qu'une acre de pareille terre vaille ſix livres de revenu par an. On fera enſorte, s'il eſt poſſible, que cette terre ſoit ſituée auprès de quelque riviere navigable, pour la commodité & la facilité des charrois. Or, comme j'ai déja inſinué que, ſelon la qualité de la terre, il y faut planter les arbres qui y ſont propres, je voudrois qu'elle eût aſſez de profondeur pour nourrir des chênes, qui ſont des arbres à racines piramidales, & qui par cette raiſon ſe plaiſent dans un terrein profond.

En ſuppoſant donc qu'on ſoit aſſez heureux pour rencontrer une acre de terre propre à produire des chênes, il faudra d'abord l'entourer d'un bon foſſé, & enſuite la retourner ou labourer dans la saison favorable ; pour la laisser après cela quelque tems en jachere, jusqu'à ce que le gazon soir mûr & propre à l'usage qu'on en veut faire.

Une acre de terre contient cent soixante perches, & chaque perche seize pieds & demi quarrés. Cette quantité de terre doit être environnée d'un fossé de six pieds de large, sur le revers duquel on doit mettre trois rangées de plans vifs à un pied de distance les uns des autres, & une haye seche tout au haut.

Un homme de journée qui travaille pour 22 sols par jour peut préparer neuf pieds de fossé ; couper des pieux & des buissons, & faire environ cinq perches de haye seche en un jour ; on peut donc faire la haye, creuser le fossé, planter les trois rangées de plans vifs, & les payer sur le pied de 44 sols le cent, moyennant environ 3 liv. 6 sols la perche ; ainsi toute la dépenſe pour entourer de foſſé une acre de terre montera à 170 livres ou environ : mais on peut en enfermer deux acres de terre ſur le même pied de trente-deux perches de longueur ſur dix de largeur, moyennant 200 livres, par la même raiſon que ſi cent clayes enferment mille moutons, deux clayes de plus ſuffiront pour deux mille, c'eſt-à-dire, que ſi chaque côté du parc a quarante-neuf clayes, & qu'il n'y en ait qu'une à chaque bout, il contiendra préciſement la moitié de terrein qu'il en comprendroit, s'il avoit deux clayes à chaque bout. Remarquez bien qu'une perche bordée de trois rangées de plans vifs demande quarante-huit rejettons, ainſi il en faudra pour garnir une acre deux mille quatre cens quatre-vingt-ſeize.

Après s'être pourvu d'un bon foſſé pour garantir votre jeune plantation des beſtiaux & des autres inconveniens, la premiere chofe qu'il y ait à faire eſt de mettre le terrein en état d'être planté, c'eſt ce à quoi on peut parvenir de pluſieurs manieres.

Suppoſons que la terre ſoit tellement embarraſſée de buiſſons, de houx, de genêts épineux, &c. qu'on ne puiſſe pas y paſſer la charrue, il faudra pour lors la labourer à bras & la nettoyer pour 11 ſols la perche quarrée; toute l'acre labourée ſur le même pied coutera 88 livres; mais ſi le ſol ſe trouve en état d'y pouvoir paſſer la charrue, on pourra labourer le tout pour environ 13 livres.

La terre étant ainſi préparée, une acre pourra contenir quarante chênes, en leur donnant trente-trois pieds de diſtance; & comme j'ai déja annoncé que tous les arbres à racines piramidales ne peuvent pas être remués ſans danger, & que quand on les tranſplante ils viennent rarement auſſi-bien que ceux qui ſont produits de ſemence, & qui reſtent toujours à la même place ; je ſerois d'avis que l'on préparât quarante carreaux de bonne terre naturelle ſur une acre de terre à trente-trois pieds de diſtance les uns des autres, & qu'on plantât dans chacun cinq ou ſix glands à environ quatre pouces de profondeur, dans le mois de Février plutôt qu'en Automne, parce que la grande humidité de certains Hyvers ſeroit capable de pourrir la ſemence, ou que les ſouris, les écureuils & autres animaux ſemblables pourroient bien la détruire.

Ces quarante carreaux peuvent bien être préparés par un ſeul homme en trois jours moyennant 22 ſ. par jour ; deux cens glands peuvent bien valoir onze ſols, & la dépenſe de les planter onze autres ſols, ce qui fait en tout 4 liv. 8 ſols.

L'acre de terre ainſi ſemée de
chênes, on peut ſemer dans les in-
tervales des chênes, des châtons
de frênes qui auront paſſé l'Hyver
dans du ſable ſec. Cela formera un
bon taillis, d'autant plus que la
terre eſt déja labourée & en état de
les recevoir.

Un boiſſeau de ces châtons peut
valoir 44 ſols, la peine de les ſemer
22 ſols, & le herſage de la terre
après la ſemaille 5 liv. 10 ſols, ce
qui fait en tout 8 liv. 16 ſols. Les
glands leveront la premiere année,
mais les frênes ne commenceront
à paroître que la ſeconde année, à
moins que la ſemence ne ſoit vieille. Enſuite il faudra arracher & détruire les mauvaiſes herbes. Un
homme ſeul peut faire cet ouvrage
en trois jours, en laiſſant trois pieds
de diſtance entre les plans de frênes : ainſi voilà 3 liv. 6 ſols de dépenſe ; car je compte la journée
d'un Ouvrier ſur le pied de 22 ſols ;

parce que je suppose que ces plantations se font dans des endroits où
le terrein est à bon marché & tout
le reste à proportion.

La seconde année on doit arracher quelques-uns des jeunes chênes & ne laisser qu'une seule plante
dans chaque quarré : Or il est vrai-
semblable que les glands qu'on a
plantés ne leveront pas tous : c'est
pourquoi j'avertis que le moyen le
plus sûr pour n'être pas frustré dans
son attente, c'est d'éprouver la
bonté des glands avant que de les
semer ; pour cet effet mettez-les
dans l'eau, & ne choisissez pour
planter que ceux qui se précipite-
ront vîte au fond.

Une acre de terre ainsi environnée de fossés, labourée, défrichée
& plantée revient à 284 liv. 18 s.
& deux acres disposées & plantées
de la même maniere couteront
413 liv. 12 sols.

Mais si le terrein est assez net

pour y pouvoir paſſer la charrue ; pour-lors la dépenſe des foſſés, de la plantation, &c. d'une acre ne montera qu'à 201 liv. 6 ſols, & celle de deux acres travaillées de la même maniere reviendra à 264 liv.

Neuf ans après que la plantation eſt faite, les petits frênes ſeront en état d'être coupés & fourniront des perches que l'on vendra juſqu'à 11 livres le cent pris ſur les lieux. Si les plantes ſont à trois pieds de diſtance les unes des autres, l'acre de terre en contiendra environ 4800, dont on pourra tirer 528 l. La haye vive doit pareillement être coupée, & donnera environ dix voitures de bourrées, que je ne compte que ſur le pied de 5 liv. 10 ſ. chacune, quoiqu'auprès de Londres on la vend bien quatre fois autant.

On peut voir dans le détail ſuivant à combien revient toute la dépenſe d'une acre de terre bien entourée de foſſés & de haye vive,

bien labourée & plantée en chênes
pour futaye & en frênes pour taillis,
avec le profit qui en résulte au bout
de neuf ans à la premiere coupe.

Etat de la premiere coupe au bout de neuf ans.

Dépense pour la haye vive, le labour & la femence d'une acre de terre plantée en haute futaye & en taillis,
    276 l. 2 f.
Interêt de la fomme fuffire pour neuf ans à raifon de cinq pour cent   123 l. 15 f.
Rente de la terre pour neuf ans à raifon de 5 l. 10 f. par an pour chaque acre, 49 l. 10 f.
Pour faire abbatre quatre mille huit cens perches de frênes, cinq journées d'un Ouvrier à raifon de 22 fols par jour   5 l. 10 f.

Dépense de
neuf ans 454 l. 17 f.

Recette pour quatre mille huit cens perches de frênes à raifon de 11 liv. le cent
    528 l.
Plus pour dix charges de bourfées à raifon de 5 liv. 10 f. pour chacune, 55 l.
Gain de neuf ans,
    583 l.
Dépenfe de neuf ans,
    454 l. 17 f.

Ainfi le profit de la plantation en neuf ans de tems, toutes dépenfes déduites, monte à 128 l. 3 f.

Huit ans après cette première coupe, on peut en faire une autre & compter fur quatre ou cinq perches pour chaque plante de frênes.

Etat de la feconde coupe, ou du produit de la plantation au bout de dix-fept ans.

Rente de la terre pour huit ans, à raifon de 5 livres 10 fols par an, 44 l.

Dépenfe de l'abbattage de dix-neuf mille deux cens perches de frênes, à n'en compter que quatre pour chaque plante, vingt journées d'un Ouvrier, à raifon de 22 f. par jour 22 l.

Total de la dépenfe au bout de dix-fept ans, 66 l.

Recette pour 19200 perches de frênes fur le pied de 11 liv. pour chaque cent, 2112 l.

Plus pour dix charges de bourrées à 5 l. 10 f. chacune, 55 l.

Profit net de la première coupe, toutes dépenfes déduites, 128 l. 3 f.

L'interét qu'on peut avoir tiré pendant huit ans de 128 liv. 3 fols, à cinq pour cent, monte à peu près à 50 l. 12 f.

Gain de dix-fept ans, 2345 l. 15 f.

Dépenfe de dix fept ans 66 l.

Profit net de la plantation au bout de dix-fept ans, 2279 l. 15 f.

Etat de la troisiéme coupe, ou du produit de la plantation au bout de vingt-cinq ans.

Pour huit ans de rente de la terre sur le pied de 5 l. 10 f. par an pour chaque acre,   44 l.

Dépense de l'abbattage de dix-neuf mille deux cens perches de frénes, vingt journées d'un Ouvrier à raison de 22 f. par jour,   22 l.

_____

Dépense au bout de vingt cinq ans, 66 l.

Nota. Quand bien même on diminueroit le produit de moitié, & qu'on porteroit la dépense au double ; l'avantage d'une pareille plantation feroit toujours très-évident, & bien capable de déterminer les Proprietaires à le faire.

Produit de 19200 perches de frénes à 11 l. le cent, 2112 l.

Plus pour dix charges de bourrées à 11 liv. la charge,   55 l.

Gain clair après la feconde coupe,

    2279 l. 15 f.

L'interét de la fomme ci-deffus pour huit ans à cinq pour cent,

    910 l. 16 f.

Gain de vingt-cinq ans,   5437 l. 11 f.

Dépense de vingt-cinq ans,   66 l.

Profit net de la plantation au bout de vingt cinq ans, 5371 l. 11 f.

A quoi il faut ajouter la valeur de quarante chénes qui croiffent dans cette plantation, & qui valent bien pour lors chacun 11 l.

    440 l.

_____

Total 5811 l. 11 f.

On voit par le calcul précedent
qu'une acre de terre plantée comme je l'indique peut produire dans
l'espace de vingt-cinq ans 581.1 l.
11 f. de profit net, toutes dépenses
diminuées, même le produit ordinaire de la terre : & les chênes qui
continueront à croître produiront
encore un gain bien plus confiderable au Proprietaire, ou à fa famille après lui.

Sur le modele de cette plantation, on en peut faire d'autres des
différentes efpeces d'arbres ; & fi
le Planteur a bien foin de ne mettre dans fa terre que les arbres auf-
quels elle eft propre, il peut efperer de fon travail & de fon induf-
trie un profit qui approchera fort
de celui qu'on vient de voir. Si
par hazard le terrein fe trouvoit
déja environné de haye vive, &
qu'il fût en état de recevoir tout
d'un coup la charruë, on pourroit
encore tirer de cette plantation un
profit

profit beaucoup plus confiderable.

Je vais maintenant finir ce Traité par avertir le Lecteur de ce qu'il trouvera dans le fecond Livre. Je me propofe d'y traiter, autant que mon expérience me le permettra, de tout ce qui peut contribuer à l'amélioration des parterres ou jardins à fleurs. J'y expliquerai d'abord une machine nouvelle qui a été imaginée pour deffiner plus promptement, & tracer tout d'un coup les plattebandes des jardins & à l'aide de laquelle on pourra former en une heure plus de modeles de parterres, qu'on ne peut en trouver dans tous les Livres imprimés actuellement exiftans. J'enfeignerai enfuite la maniere d'élever & de multiplier toutes les efpeces de fleurs : & enfin je tâcherai de prefcrire des regles pour l'ornement des jardins, & pour les rendre gracieux dans tous les mois de l'année.

Tome I. F

LIVRE SECOND.

CHAPITRE PREMIER.

Description & usage d'un Instrument nouvellement inventé pour dessiner promptement des parterres ; au moyen duquel on peut en une heure de tems former plus de desseins differens, qu'on n'en trouveroit dans tous les Livres de jardinage actuellement existans.

L'INSTRUMENT dont je me propose de parler, ayant fait quelque plaisir à plusieurs personnes de ma connoissance, je me suis déterminé facilement à le rendre public. Il est de nature à pouvoir aider & seconder l'imagination des meilleurs Peintres & Dessinateurs,

& à leur faire attraper plus sure-
ment le goût de ceux pour qui ils
travaillent, fans fe donner la peine
de deffiner quantité de figures ou
de projets de parterres, qui font
perdre le tems & caufent une dépenfe inutile qui fouvent détourne
les gens de faire arranger leurs jardins. En un mot, cet inftrument
coute fi peu, a tant d'utilité & eft
fi recréatif, que je ne doute pas
qu'il ne foit reçu favorablement de
tout le monde.

Voici comment on le conftruit :
choififfez deux glaces de miroir
d'égale grandeur, de la figure d'un
quarré - long, de cinq pouces en
longueur & de quatre en largeur :
couvrez-les par derriere de papier
ou d'une étoffe de foye pour empêcher que leur ufage fréquent ne
faffe difparoître & couler le vif-
argent. Cette couverture du derriere des glaces doit être placée de
maniere, qu'on n'en apperçoive

F ij

rien que les bords du côté poli.

Les glaces ainfi préparées, il faut les difpofer face à face & les affembler enfemble, deforte qu'on puifle les écarter & les rapprocher, fi l'on veut, comme les feuillets d'un livre. Par exemple, la figure 10e. pl. 2e. nous fait voir le derriere des deux glaces A & B, jointes enfemble par les charnieres C C & D D, de maniere qu'il eft poffible de les ouvrir ou fermer dans toutes les parties d'un cercle : les glaces ainfi difpofées pour cet ufage, je vais maintenant expliquer aux Lecteurs quelle eft l'utilité de cet inftrument.

Tracez un grand cercle fur le papier, divifez-le en trois, quatre, cinq, fix, fept ou huit parties égales. Cela fait, tirez fur chacune des divifions une figure à volonté, foit pour un parterre ou pour des fortifications : par exemple, on voit (figure onziéme) un cercle divifé

en six parties, & sur la division
marquée A une partie d'un dessein
de parterre. Or pour voir en entier
ce dessein qui est encore informe,
il faut placer les glaces sur le papier, & les ouvrir d'une distance
qui soit la sixiéme partie du cercle,
c'est-à-dire, que l'une doit être posée sur la ligne *b* qui va au centre, &
l'autre exactement sur le point *c* ;
ainsi on découvrira, en regardant
dans les glaces, un dessein entier
de parterre de figure circulaire à
six côtés, avec autant de promenoirs qui aboutissent au centre, où
on aura aussi un bassin hexagone,
fig. 1e. pl. 3e.

On peut voir encore plus clairement comment les glaces doivent
être placées sur le dessein, en jet-
tant les yeux sur la même figure.
La ligne A où se joignent les glaces
est immédiatement posée sur le
centre du cercle, la glace B est
placée sur la ligne tirée du centre

au point C, & la glace D fur la ligne qui regne depuis le centre jufqu'au point E : les glaces étant ainfi difpofées ne peuvent pas manquer de produire la figure complette que nous voyons : ainfi quelque partie égale d'un cercle qu'on puiffe marquer, il faut toujours que la ligne A foit au centre, & que les glaces foient ouvertes felon la divifion du cercle que l'on a faite avec le compas. Si au lieu d'un cercle on veut avoir une figure hexagone, il faut tirer avec la plume une ligne droite du point *c* au point *d* dans la fig. 11ᵉ. pl. 2ᵉ. & en plaçant les glaces comme auparavant, on aura la figure que l'on cherche.

On peut auffi repréfenter parfaitement un pentagone, en trouvant la cinquiéme partie d'un cercle, & ajuftant les glaces fur les lignes qui la terminent ; la quatriéme partie d'un cercle produira pareillement un quarré par le moyen des glaces, & fuivant la même regle on aura toutes les figures dont les côtés font égaux. Je me perfuade aifément qu'une perfonne curieufe peut à l'aide de ces glaces, & avec un peu d'ufage, trouver bien des chofes que je n'ai pas découvertes encore, ou que je n'ai pas décrites ici pour éviter les longueurs.

Je dois maintenant expliquer comment avec ces glaces on peut d'un cercle tracé fur le papier en former un ovale, & faire par la même regle un quarré-long avec un quarré parfait. Pour cet effet il faut ouvrir les glaces comme pour un quarré exact, les placer fur un cercle, & les avancer ou reculer jufqu'à ce qu'on voye la figure ovalle que l'on aime le mieux : de même ayant pofé la machine fur un quarré, il faut les avancer ou reculer jufqu'à ce que l'on rencon-

F iv

tre la figure du quarré-long que
l'on cherche. On trouvera, en faifant ces effais, une grande quantité
de deffeins différens : par exemple,
quoique la figure 2ᵉ. pl. 3ᵉ. femble une repréfentation confufe &
informe, on peut la varier de plus
de deux cens façons différentes,
en promenant les glaces deffus,
ouvertes & affujetties pour former
un quarré exact. En un mot, on
peut, par ce moyen, faire avec ces
deffeins les plus fimples des milliers d'excellens deffeins.

Mais pour rendre cette derniere
figure plus intelligible & plus utile,
j'ai placé de chaque côté une
échelle divifée en parties égales,
au moyen de laquelle on peut s'affurer de la jufte proportion de tous
les deffeins qu'on y rencontre.

J'ai marqué auffi chacun des
côtés de la même figure avec une
lettre, comme A, B, C, D, pour
faire mieux fentir au Lecteur l'uti-

lité de cette invention, & le mettre plus en état de trouver tous les desseins que contient cette figure.

Exemple I. Tournez le côté A vers un certain point, soit au nord, ou vers la fenêtre de l'appartement, & après avoir ouvert vos glaces de la quantité d'un quarré exact, placez-en une sur la ligne du côté D, & l'autre sur la ligne du côté C, vous aurez alors une figure quarrée quatre fois aussi grande que le dessein gravé sur la planche ; mais si cette représentation ne vous plaît pas, changez la position des glaces toujours à l'ouverture d'un quarré, jusqu'au nombre 5 du côté D, vous aurez l'une d'elles parallele à D, & l'autre posée sur la ligne du côté C ; pour-lors votre premier dessein variera ; & ainsi, en changeant les glaces d'un point à un autre, les desseins varieront toutes les fois, jusqu'à ce qu'enfin vous ayez trouvé au moins cin-

F v

quante plans différens les uns des
autres.

Exemple II. Tournez le côté
marqué B de cette deuxiéme figure
au même point où étoit A auparavant, en changeant vos glaces
comme dans le premier exemple,
vous découvrirez autant de deffeins différens que vous en avez
trouvés dans l'expérience précedente. Enfuite tournez le côté C
à la place de B, & promenez vos
glaces comme auparavant d'un
point à un autre, vous aurez beaucoup d'autres plans qui ne fe trou-
voient pas dans les autres effais;
vous ferez enfuite la même opération fur le côté D. Ainfi d'un
plan feul qui n'eft pas plus grand
que la main, vous pourrez en faire
plus de deux cens; & conféquemment avec cinq figures de la même
nature, on pourra fe procurer environ mille deffeins de parterres:
& s'il arrivoit que le Lecteur eût

un certain nombre de plans de parterres ou de bosquets, il pourroit
par cette méthode les changer à sa
fantaisie, & former des différences
innombrables & plus que le Deffi-
nateur le plus habile n'en pourroit
jamais imaginer.

CHAPITRE II.

Des arbres toujours verds, de leur
culture, & de leur utilité
dans les Jardins.

JE me propose de traiter dans ce
chapitre de la culture des arbres
toujours verds, & de leur utilité
dans les Jardins. Ils y jettent tant
l'ornement, lorsqu'ils font bien
ménagés, que je ne crois pas qu'un
Jardin puiffe être complet fans eux.
On en fait de belles & fortes hayes,
& même quand ils font plantés fé-

parement par une perſonne curieu-
ſe & intelligente, ce ſont autant de
monumens toujours croiſſans de
l'art du Jardinage. Mais pour entrer en matiere, les arbres toujours
verds que les Jardiniers cultivent,
ſont le Houx, l'If, le Laurier thim,
le Laurier femelle, le Buis, le Laurier mâle, le Phillyrea, l'Alaterne,
le Genievrier, le Piracantha, le
Yeuſe ou Chêne verd, l'Arbouſier
& le Troene verd. On doit donner
à chacun d'eux une place particuliere dans un Jardin à raiſon de leur
grandeur différente. Il y en a que
l'on peut tailler comme on veut
ſans beaucoup de peine, au lieu
que d'autres ſont ſujets à décon-
certer tous les ſoins du Jardinier,
quelque vigilant qu'il ſoit.

SECTION PREMIERE.

Du Houx.

POUR les considerer tous en particulier, je commencerai par le Houx, qui à mon avis est le plus beau de tous. Il forme un assez grand arbre ; j'en ai vu de plus de soixante pieds de hauteur dans des avenues auprès de Frensham au Comté de Surrey où ils se plaisent beaucoup. Il lui faut un terrein sec & qui tienne plus du sable que de la terre franche. Le Houx est une plante à racine piramidale, qui par conséquent n'aime pas à être transplantée, à moins que les racines n'en ayent été souvent rafraichies dans la Pépiniere, en creusant la terre tout autour, ce que doit faire fréquemment un Jardinier soigneux, afin de pouvoir le lever

graine ou fruit, humectez bien le tout avec de l'eau de pluye ou d'étang, & laissez cette préparation pendant dix jours, sans la remuer, dans un vaisseau de bois, ou de pierre. Trois jours après cette opération, le mélange commencera à s'échauffer, & continuera à fermenter durant trente ou quarante jours, pourvu qu'on ait soin de l'arroser de tems en tems avec de l'eau chaude à mesure qu'il commence à fecher. La chaleur de ce son humecté préparera le fruit qu'on y mêle, & le mettra dans un état de végétation huit jours après qu'il aura commencé à fermenter; ensuite on pourra le femer dans la Pépiniere. Cette chaleur artificielle de nouvelle invention m'a été communiquée par le célébre Chevalier Isaac Newton qui a extrêmement perfectionné tous les arts.

Les jeunes arbres que l'on fait venir ainsi de graine, feront en état

d'être greffés en fente ou en écuffon au bout de quatre ou cinq ans,
fi on les deftine à faire l'ornement
d'un Jardin. La greffe en ente doit
fe faire au mois de Mars, & l'écuf-
fonnage au mois de Juillet. Autrement, fi on les deftinoit à former
des baliveaux, ou à refter dans des
hayes, il faudroit alors les placer à
des diftances convenables quand
ils font jeunes, afin qu'ils puffent
s'accoutumer mieux au fol dans
lequel ils doivent croître. On com-
pofe de la gluë avec l'écorce de cet
arbre tirée au milieu de l'Eté, que
l'on fait bouillir pendant douze
heures ou environ dans de l'eau de
fontaine, jufqu'à ce que l'écorce
verte fe fépare d'avec les autres.
La verte doit être mife pendant
quinze jours dans un lieu frais &
couverte de mauvaifes herbes ou
de fougere, jufqu'à ce qu'elle fe
change en mucilage; pour-lors on
la pulverife dans un mortier de

pierre, & on la réduit en une pâte
dure, qu'on lave bien dans une eau
courante, & qu'on met ensuite
fermenter & se purger quatre ou
cinq jours dans un vaisseau de terre,
après quoi on la lave une seconde
fois & on la met dans un autre pot
de terre, avec une troisiéme partie
de graisse d'oye bien clarifiée : on
fait incorporer toute cette composition sur un feu doux, en obser-
vant de la remuer jusqu'à ce qu'elle
soit froide ; & on la conserve dans
de l'urine pour s'en servir au besoin.

M. Evelyn recommande les
Houx pardessus toutes les autres
Plantes pour les hayes & les clô-
tures. Et en effet, sans les espaliers,
je prefererois à toutes les murailles
qu'on peut construire, une haye
de Houx épaisse & bien faite : d'autant plus que la belle verdure de
ses feuilles armées de picquans &
la couleur rouge de son fruit, font

un beau coup d'œil dans tous les tems de l'année, & bravent les plus rudes attaques de l'air, des bestiaux, &c.

Après avoir déclaré ce que j'ai cru le plus important par rapport au Houx ordinaire ou à feuilles unies, je vais parler un peu des especes de Houx tachetés qui sont fort estimés des Curieux, & qui contribuent beaucoup à l'ornement de nos Jardins. Nous en avons environ vingt especes différentes qui sont toutes distinguées les unes des autres par les noms de ceux qui les ont découvertes. Il seroit ennuieux d'en faire ici l'énumeration, & le Lecteur n'en tireroit pas beaucoup d'avantage, puisqu'avec leur catalogue entier, il seroit impossible de distinguer la beauté, ou les imperfections d'aucunes d'elles. Laissons donc à chacun la liberté de s'en donner le plaisir à lui-même, en les considerant dans les Pépinieres

qui font fi communes aux environs
de Londres. Je me contenterai
d'annoncer ici qu'il y a dans les
végétables trois diverfes façons
d'être tachetés ; les uns dont les
feuilles font bordées de blanc,ceux
qui font bordés de jaune, & les
efpeces rayées, comme les Jardi
niers les appellent ; c'eft une regle
fûre que toutes les fois qu'une
Plante a les feuilles bordées de ces
couleurs affoiblies, elle refte tou
jours tachetée fans jamais produire
une feule feuille entierement verte
d'un autre côté, celles qui ont les
fleurs rayées, teintes ou tachées
dans le milieu, demeurent rare
ment tachetées quand on les plante
dans une bonne terre : mais elles
pouffent de tems en tems des branches entierement vertes, & perdent à la longue toutes leurs autres
couleurs : d'où on doit conclure
que quand la féve paroît ainfi dé-
colorée uniquement vers le milieu

de la feuille, elle n'eſt pas alors ſi malade & ſi dégradée, qu'elle ne puiſſe être rétablie par une nourriture ſaine ; mais que quand la ſéve teinte a gagné les extrêmités des feuilles, il y a tant de venin mêlé dans ſes ſucs, qu'il eſt impoſſible de le détruire par aucun moyen, & que le fruit même, qui aſſurement eſt nourri du ſuc le plus rafiné de la Plante, eſt entiché également du même poiſon, comme le montrent clairement ſes bigarrures.

Il y a encore une autre obſervation à faire par rapport aux feuilles tachetées ; c'eſt que quand une Plante commence à changer de couleur, un Jardinier habile doit attaquer le poiſon qui commence à teindre les feuilles, & qui en arrêtant le progrès de la Plante, & lui donnant une qualité malſaine, corrompt le tout par degré, & produit ce qu'on appelle une bordure, c'eſt-à-dire, une Plante

dont les feuilles font bordées de
blanc ou de jaune. De plus, il y a
encore une autre expérience à ce
fujet qui mérite bien d'être rapportée. Elle a été faite & m'a été
communiquée par M. Furber, Jardinier curieux, qui entretient des
Pépinieres à Kinfington. Il avoit
beaucoup de Plantes de Jaffemin
ordinaire à feuilles bordées; il a
enté deffus des rejettons de Jaffemin d'Efpagne, dont on n'avoit
jamais vu les feuilles tachetées:
ces rejettons de Jaffemin d'Efpagne
poufferent & produifirent des feuilles tachetées de jaune, & je ne
doute point qu'avec la même adref-
fe on ne fût parvenu à leur border
les feuilles : d'où il réfulte que
quand les fucs les plus fubtils d'une
Plante font alterés, toute Plante
qui en fera nourrie fera entichée
du même poifon. Il feroit donc à
propos de femer la graine de guy
fur les Plantes à feuilles bordées,

pour leur faire produire des feuilles tachetées.

Quel rapport ces observations peuvent-elles avoir avec les animaux ? C'est ce que je laisse examiner à ceux qui font leur principale étude de ce qui concerne la santé & la conservation des corps animaux. Pour moi je vais considerer les Houx tachetés, par rapport à leur utilité & à la forme qu'on leur donne dans les Jardins. La nature de cet arbre est telle, qu'on ne peut pas le tailler ni lui donner ces belles formes sous lesquelles on fait paroître d'autres arbres qui ont les feuilles petites : c'est pourquoi je ne conseille pas de leur donner d'autre forme que celle d'une piramide, d'un globe ou d'une calotte. Dans le premier cas ils doivent être droits, & se terminer en pointe au sommet ; dans le dernier les Plantes doivent être taillées de maniere que leurs têtes reſſemblent à la tête d'un champignon, & je préférerois cette figure à celle du globe. Lorſque ces Plantes ſont bien formées, & qu'elles ont les feuilles bien panachées, elles ornent beaucoup un Jardin, pourvu qu'elles ſoient entremêlées avec goût parmi d'autres Plantes toujours vertes, telles que les Ifs, les Lauriers thims ou autres ſemblables.

J'ai lû quelque part qu'on avoit imaginé de planter des hayes de Plantes toujours vertes, accompagnées de diſtance en diſtance de colomnes & de pilaſtres de Houx panachés. Cela doit produire un bel effet quand ils ſont bien taillés: & je crois que ſi on plaçoit ſur leurs ſommets quelques pots de fleurs, de maniere qu'une branche bien ſaine pût paſſer à travers pour être formée en boule ou en piramide, cela ajouteroit encore beaucoup à la beauté du deſſein.

SECTION

SECTION II.

L'If.

L'If est un arbre qui croît fort lentement & par conséquent dont le bois est fort dur; il y a des cantons dans le Païs de Surrey où on trouve des petits Bois de ce bel arbre toujours verd, qui sont composés d'arbres fort grands, & qui semblent plutôt être une production de la Nature que de l'Art. Ses racines sont sujettes à se diviser en petites fibres, & par conséquent cette Plante se plaît dans une terre légere, de celle qu'on appelle communement stérile; il croît plus vîte sur les montagnes les plus froides, que dans les meilleurs terreins & aux plus favorables expositions; desorte qu'en le cultivant, il ne faut faire aucun usage des amande-

mens : on doit nettoyer ses fruits
de leur pulpe, les bien faire secher
& les mettre dans le sable, comme
je l'ai recommandé pour ceux du
Houx, avant que de les semer;
ou bien les faire tremper dans le
son & l'eau, dont j'ai déja parlé,
pour les faire lever plus vîte. Les
feuilles de l'If sont si petites, qu'on
peut donner à cette sorte d'arbre
toutes les formes qu'on veut, comme on en voit la preuve par ces
fameux arbres qui sont à Oxford
dans le Jardin de Botanique, & par
celui qu'on voit dans le Cimetiere
d'Hillingdon auprès d'Uxbridge.
J'ai vû une grande quantité de ces
arbres representant des figures parfaites d'hommes, d'animaux, d'oiseaux, de vaisseaux & autres semblables ; mais les figures sous lesquelles les Jardiniers les taillent
ordinairement sont la conique ou
la piramidale. On s'en sert beaucoup en hayes, & on en fait de

belles féparations dans les Jardins; il eft tout ordinaire d'en former les bordures des bofquets, où ils font un bel effet. En un mot, la culture de cette Plante n'a pas la moindre difficulté, & on ne rifque rien à la tranfplanter, furtout fi on en a émondé de tems en tems les racines, en creufant tout autour, tandis qu'elle étoit dans la Pépiniere. La faifon de la tranfplanter eft le mois de Septembre, ou bien auffitôt que le tems eft fûr pendant le Printems.

SECTION III.

Du Laurier thim.

L E Laurier-thim eft une Plante dont la beauté confifte principalement dans fes fleurs qui croiffent à Noël & pendant la plus grande partie de l'Hyver; on doit le multiplier en semant son fruit & en le gouvernant de même que le Houx ; mais la voie la plus prompte est de coucher en terre dans les mois de Septembre & d'Octobre ses branches les plus tendres, qui prendront racines aussitôt & fourniront des Plantes telles qu'on les veut. Il croît fort vîte, mais devient rarement un grand arbre ; on en forme souvent une Plante à tête, que l'on place dans un parterre parmi les Houx & les Ifs ; mais je conseillerois plutôt de le planter auprès d'un mur ou dans des bosquets, où on pourroit éviter de le tailler à cause de ses fleurs, dont une main mal-adroite nous prive assez souvent, en le taillant mal-à-propos. Il faut remarquer que ces Plantes, ainsi que toutes les autres Plantes exotiques, sont disposées à fleurir dans la saison qui répond au Printems de leur climat naturel. J'ai remarqué en particulier, que toutes les Plantes qui viennent du Cap de Bonne-Esperance poussent leurs rejettons les plus forts, & commencent à fleurir vers la fin de notre Automne, qui est le tems du Printems dans cette partie de l'Afrique, d'où on nous les apporte : pareillement toutes les autres qui viennent de différens climats, conservent l'ordre naturel de leur végétation : ainsi c'est dans notre saison du Printems que l'on doit tailler ces Plantes exotiques, afin qu'elles puissent mieux se disposer à pousser dans l'Hyver de fortes tiges à fleurs ; mais j'en parlerai plus au long dans un autre endroit. Le Laurier-thim, quoique tendre à la gêlée se plaît dans des lieux humides & à l'ombre ; il fleurit fort bien dans la terre franche sans le secours d'aucun engrais ; au-contraire les engrais le feroient avancer trop vîte, & par-là le rendroient plus sensible aux froids, & sujet à

G iij

employer sa séve pour des tiges
inutiles qui empêcheroient l'arbre
de fleurir ; au moyen de quoi cet
excès de vigueur seroit un obstacle
à sa fécondité.

SECTION IV.

Du Laurier femelle.

QUOIQUE le Laurier femelle
se puisse multiplier, en couchant
les branches, par les rejettons & de
bouture, il croît pourtant encore
mieux, quand on le perpetuë de
graine ; quoiqu'il en soit, je vais
pour la satisfaction des Lecteurs
parler en particulier de chaque façon de faire venir cette Plante.
Premierement donc, si on propose
de faire venir cette Plante en couchant ses branches, on doit ployer
ses branches tendres jusqu'à terre,
& après les y avoir assujetties avec

des piquets, les couvrir de quatre ou cinq pouces de bonne terre. Cette opération doit se faire autour du mois d'Octobre, tems auquel on doit aussi séparer les rejettons du corps de l'arbre avec autant de racines qu'on en peut trouver, & les planter dans des endroits humides & à l'ombre, & dans les terres graveleuses & sans aucun mélange, en les arrosant bien lorsqu'on les plante, comme il faut faire à toutes les Plantes en pareil cas, principalement pour bien chauffer leurs racines. On peut aussi mettre les boutures de Laurier femelle au mois d'Octobre dans des pots remplis de bonne terre à deux ou trois pouces de profondeur, & les mettre à couvert sous quelque abri pendant l'Hyver : par ce moyen elles pousseront d'elles-mêmes des racines sans le secours d'une couche.

En second lieu, si on veut faire venir cette Plante de graines, il

faut les recueillir quand elles sont
bien mûres; & après les avoir mises
à l'air pour les faire suer, on les
conserve dans du sable sec jusqu'au
mois de Février suivant; ensuite
on les seme sur un carreau de terre
nouvellement labourée, & on répand pardessus un peu de terre naturelle toute nouvelle d'environ
deux pouces d'épaisseur. Pour lors
si le tems devient humide, on peut
compter que les Plantes leveront
six semaines après avoir été semées.
Ces Plantes venuës de graine demandent à être couvertes de paille
ou de foin pendant les trois premiers Hyvers; après quoi on peut
les transplanter, à moins que leurs
racines n'ayent pénetré trop avant
dans la terre, & qu'ainsi les Plantes
ne puissent recevoir quelque préjudice, en les levant de terre. J'ai
vû des Plantes de Lauriers femelles
dans des Jardins où elles étoient
taillées en piramides & en chapi-

teaux ; mais je ne puis pas donner ce conseil de peur qu'elles ne soient endommagées par les mauvais tems, qui souvent les font changer de couleur & quelquefois les détruisent. Mais si par notre adresse & par des précautions nous avons été assez heureux pour élever de ces especes de Plantes & en faire de beaux arbres, il faut les placer dans des pots ou caisses, & les mettre à couvert en Hyver afin de pouvoir les conserver dans leur beauté. Les plus beaux arbres de cette espece, que j'aye jamais vûs en Angleterre & ailleurs, sont dans les Jardins du Palais du Roi à Kensington, où ils sont d'une grande valeur ; cependant s'il se trouvoit quelqu'un qui voulût perpétuer cette espece de Plantes, sans avoir la commodité d'une serre, ni d'endroit pour la mettre à l'abri pendant l'Hyver, il pourroit les planter en haye ou contre des murail-

G v

les : & si par hasard les gêlées ve-
noient à les faire changer de couleur, il ne faudroit pas pour cela
que le Proprietaire se décourageât,
il n'est question que de couper au
Printems le sommet des Plantes
ainsi endommagées ; elles repous-
seront de nouveau.

J'ai vû en Hollande & en Flandres des Lauriers femelles dont
les fleurs étoient joliment tachetées. J'en ai apporté quelques-uns
en Angleterre, que j'ai multipliés,
en greffant leurs branches sur nos
Lauriers ordinaires ; mais je n'ai
jamais voulu risquer de les tenir
en plein air pendant la saison de
l'Hyver.

SECTION V.

Du Buis.

LE Buis se perpétuë facilement
par le moyen des boutures, des

branches couchées, ou de graine.
C'eſt une Plante fort eſtimable
pour ſon bois qu'on employe à faire
des inſtrumens de Mathématique,
des peignes & d'autres ouvrages
ſemblables; & la verdure que conſervent ſes feuilles le rend fort utile
pour un Jardinier. Boxhill dans la
Province de Surrey, nous rend té-
moignage de ſon excellence auſſi-
bien que du profit qui en revient,
& de l'ombre charmante que font
les Buis qui y croiſſent, & dont
quelques-uns ſont aſſez gros pour
aller de pair avec toutes les eſpeces
d'arbres de haute futaye. On ſe ſert
de cette Plante pour faire de belles
hayes dans les Jardins, & c'eſt
après l'If le meilleur arbre que l'on
puiſſe tondre & employer dans les
parterres. Comme il vient lentement & qu'il a la feuille petite, il
ſe plaît ſur les montagnes de craye
où il croît beaucoup plus vîte qu'il
ne fait dans les Jardins. C'eſt donc

fur ces montagnes qu'on peut le
planter avantageusement ; cependant le terrein naturel d'un Jardin
est encore préferable, quand on veut
le restraindre & lui donner une
certaine forme. Le tems le plus
favorable de l'année pour coucher
ses branches, ou planter ses rejettons, est le mois de Septembre ; &
lorsqu'on en veut semer la graine, il
faut le faire aussitôt qu'elle est
mûre, ou bien la mettre dans le
sable pendant l'Hyver pour la semer au Printems suivant. On doit
hâter la végétation de la graine du
Buis, ainsi que de celle du Houx,
en la faisant tremper dans le son &
l'eau.

Outre l'espece ordinaire de Buis
dont je viens de parler, j'en ai vu
encore une autre sorte, dont les
feuilles tachetées font un fort bel
effet dans un parterre, quand on a
soin de la contenir dans de justes
bornes.

Le Buis nain ou de Hollande est d'un grand usage pour faire des bordures ou cordons autour des carreaux de fleurs, ou pour former les desseins de parterres. Il supporte l'Hyver le plus rude, & dure plus de vingt ans sans être renouvellé. Il coute beaucoup moins, & il est bien plus beau que les bordures de planches; mais surtout il est estimable par le profit qu'il fait à son Maître, lorsqu'on veut le vendre ou le transplanter. Si on leve de terre tous les ans cette espece de Buis, on peut en quatre ou cinq ans de tems, soit en le divisant, ou en plantant ses rejettons, lui faire garnir quatre fois autant de terrein, qu'il en occupoit auparavant. Je ne prétends pas ici en fixer le prix, puisqu'il n'y a point ici de taxe certaine sur laquelle on puisse se regler pour cela. J'en ai acheté sur le pied de vingt sols la toise, & quelquefois j'en ai payé trente sols & même

davantage ; mais alors il faut supposer qu'on en paye plus cher à
proportion qu'on pourroit en garnir plus de terrein après avoir sé-
paré ses racines ou planté ses rejettons.

SECTION VI.

Du Laurier mâle ordinaire.

ON s'est servi du Laurier pour
faire des hayes, & quelquefois on
en tailloit la tête ; mais il croît trop
vîte, pour que je puisse conseiller
de le planter parmi les autres arbres
toujours verds dont j'ai parlai. Je
crois avec M. Evelyn, qu'on feroit
bien mieux de cultiver cette plante
comme un baliveau, dans les promenoirs & les avenuës où il pourroit
croître en toute liberté, sans crain-
dre le couteau du Jardinier. Mon
avis est que cet arbre deviendroit

fort gros, si on le greffoit ou qu'on le entât sur des cerisiers noirs. M. Robert Balle, homme curieux & mon ami, a essayé cette expérience qui lui a fort-bien réussi; car l'arbre a conservé ses feuilles pendant tout l'Hyver. D'où il y a lieu de croire, que ce n'est pas une qualité particuliere inhérente au suc d'une Plante, qui la rend toujours verte ou autrement; mais que la verdure continuelle vient plutôt de certains vaisseaux qui portent les sucs du tronc de l'arbre dans les feuilles, lesquels sont en bien plus grand nombre, beaucoup plus forts & plus épais dans les arbres toujours verds, que dans les plantes qui perdent leurs feuilles en Hyver. Mais c'est une question que je traiterai plus amplement dans un autre endroit.

Le Laurier mâle doit être multiplié de la maniere que j'ai indiquée ci-dessus pour le Laurier fe-

nielle, c'est-à-dire de graine, de
bouture, ou en couchant ses branches : Il aime l'ombre, & réuffit
dans presque toutes les sortes de
terreins ; il supporte les mauvais
tems, & ses feuilles ont une amertume telle que les bestiaux n'ont
garde de l'endommager. Mais les
oiseaux sauvages, tels que les fai-
sans, les perdrix, les beccaffes,
les merles & autres semblables,
aiment à se mettre à l'abri sous ses
branches dans les mauvais tems :
c'est pourquoi on peut les planter
dans les Parcs & autres enclos de
même nature, pour y conserver &
entretenir les oiseaux de chasse.

SECTION VII.

Du Phillyrea.

LES gens qui entretiennent des
Pépinieres connoissent cinq espe-

ces de Phillyrea, qu'ils diftinguent
par les noms de Phillyrea uni,
Phillyrea panaché, Phillyrea véritable, Phillyrea d'Hollande à feuilles argentées, & l'efpece Hollan-
doife dorée. La premiere ou la
plus commune de ces efpeces fe
perpétue de graine préparée comme celle du Houx; ou bien on peut
la multiplier ainfi que les autres
efpeces, en couchant fes branches
qui reprennent auffitôt racine. Elle
fe plaît dans une terre légere toute
fimple, fans aucun mêlange, ni
amandement. Cette efpece & celle
à feuilles tachetées, croiffent fort
vîte, & forment d'affez bonnes
hayes, pourvû qu'on les foutienne
avec des pieux & de fortes traver-
fes; mais fans cela elles ne peuvent
pas fe défendre contre la violence
des vents: mais le véritable Phillyrea eft plus en état de refifter aux
injures du tems & aux tempêtes,
& comme il croît fort bas, on peut

bien le mettre dans un parterre avec les meilleurs arbres toujours verds. J'ai vu des Plantes de cette espece taillées en piramide & en champignons dont la beauté égaloit celle de tous les autres arbres du Jardin. Mais le Phillyrea uni & celui à feuilles panachées ne peuvent guere être assujettis à aucune forme réguliere. Les especes Hollandoises à feuilles argentées & à feuilles dorées sont recherchées pour la petitesse & les belles bigarrures de leurs feuilles ; on peut aisément les tailler, mais elles ne peuvent pas supporter la gêlée ; c'est pourquoi elles ne sont pas si proprement affectées aux Jardins découverts qu'aux endroits à l'abri. La saison de coucher en terre les branches tendres de ces especes & même de toutes les sortes de Phillyrea, est le mois de Septembre ; on peut par ce moyen multiplier considerablement ce genre de Plantes.

SECTION VIII.

De l'Alaterne.

L'ALATERNE des Jardiniers
est différent de l'arbre qu'ils appellent Phillyrea , en ce qu'il a les
feuilles plus étroites ; & du Troëne,
parce que le bord de ses feuilles est
dentelé. M. Evelyn fait à ce sujet
une remarque importante ; c'est
que les graines de l'Alaterne levent
un mois après avoir été semées : il
décide qu'il faut le transplanter au
bout de deux ans, soit pour le mettre en haye, ou pour en former des
Plantes régulieres & taillées. La
promptitude avec laquelle sa graine
leve nous apprend qu'il n'est pas le
même que le Phillyrea dont les
fruits restent long-tems en terre
avant que de pousser : on peut aussi
multiplier l'Alaterne, en couchant

ſes branches , & les gouvernant comme celles de Phillyrea : il ſe plaît dans la même ſorte de ter-rein.

SECTION IX.

Du Genevrier.

NOs Jardiniers diſtinguent deux ſortes de Genevriers , ſçavoir l'eſpece commune , & celle que l'on appelle Genevrier de Suede , qui toutes les deux reſiſtent aux plus rudes gêlées , & méritent par cette raiſon auſſi-bien que par leur belle verdure, de trouver place parmi les autres arbres toujours verds que l'on met dans les parterres. La petiteſſe de leurs feuilles eſt telle, qu'un Jardinier adroit peut leur faire prendre toutes ſortes de figures , & les rendre ſi ſerrées , en les coupant ſouvent & les entrelaſſant comme il faut, qu'aucune autre Plante ne peut les surpasser à cet égard. Le Genevrier se plaît dans des terres steriles, telles que les Bruyeres & les Dunes, où j'en ai vu de l'espece ordinaire croître de lui-même en abondance. On doit semer son fruit au mois de Mars dans une terre légere sans l'arrofer, ni lui donner aucun amandement : il leve au bout de deux mois, & doit rester deux ans dans le carreau où on l'a semé, avant que d'être transplanté, & sans qu'on en prenne d'autre soin, que de le nettoyer des mauvaises herbes. Je me ressouviens d'avoir entendu parler d'un Genevrier de quarante pieds de hauteur : & il me semble que M. Evelyn a parlé quelque part d'une Plante de cette espece, qui dans l'espace de dix ans a formé un berceau de onze pieds de haut. Le Genevrier fournit un bois à brûler fort durable, si ce qu'on en dit est

vrai, que dans un monceau de ſes
cendres qu'on avoit laiſſé de côté
ſans y toucher, quelques-uns de
ſes charbons ſe ſont conſervés al-
lumés pendant un an entier.

SECTION X.

Du Piracantha.

LE Piracantha a bien des qualités qu'on ne rencontre pas dans les
autres arbres toujours verds des
parterres. Cependant je ſuis extrêmement étonné qu'on en faſſe ſi
peu de cas aux environs de Londres, car je ne connois aucune
Pépiniere où on le puiſſe trouver.
Indépendamment de la beauté de
ſes feuilles, les guirlandes de fleurs
blanches qu'il produit au mois de
May font un grand ornement, &
ſes grains comme de corail qui y
pendent en grappes pendant tout

l'Hyver, forment un très-beau coup
d'œil. Joignez à toutes ces qualités
la force de ses épines qui le rendent
une des meilleures Plantes que je
connoisse pour les hayes. J'ai vu
quelques Plantes de cette espece
taillées en boules ou en piramides,
& presqu'entierement couvertes
de fruits écarlates dans un tems où
la Nature semble se reposer & tenir
toutes ses autres productions dans
l'inaction : assurement si je voulois
planter un Jardin d'Hyver, cet arbre en feroit un des principaux ornemens. Mais passons maintenant
à la maniere de cultiver cette belle
Plante : on peut la multiplier de
graine, de boutures, ou en couchant ses branches. Quand son fruit
est bien mûr, on doit le préparer
de même que celui du Houx ; car
il est sujet à rester aussi long-tems
dans la terre sans lever : mais je
ferois d'avis qu'on en fit manger
aux oiseaux, afin que passant à tra-

vers de leurs corps, il pût lever
plus facilement & être mieux préparé à végeter. On a remarqué
dans le Comté de Devon où
cette Plante abonde, que les oifeaux qui s'en nourriffent, le répandent dans la campagne où il
croît parfaitement bien ; mais il eft
fort difficile de le tranfplanter,
parce que fes racines ont peu de
fibres. C'eft pourquoi quand il eft
levé, & qu'il a cru pendant un an
ou deux au plus, il faut le planter
à l'endroit où on veut qu'il refte.
Quand on tranfplante ces arbres ou
autres de pareille natute, il faut
avoir bien foin d'empêcher que
leurs racines ne fechent avant que
d'être remifes en terre ; du moins
c'eft un inconvenient qui eft fouvent caufe que nos Plantes fe détruifent. Si on veut élever ces Plantes en en couchant les branches, il
faut choifir celles qui font tendres
& les plus nouvelles ; cette regle
doit

doit avoir son application pour les autres arbres toujours verds quels qu'ils soient : car il ne seroit pas possible d'aucune maniere de faire reprendre racines aux branches les plus ligneuses. Vers les mois de May ou de Juin, on doit planter les boutures tirées des tiges les plus nouvelles dans des pots de bonne terre, en les arrosant fréquemment, & les tenant à l'ombre jusqu'à l'Hyver suivant, auquel tems on fera bien de leur donner une exposition chaude, pour les préparer à pousser au Printems de fortes tiges. Les Plantes multipliées de cette maniere peuvent être transplantées avec plus de facilité & moins de risque que celles produites de graine ou de branches couchées ; j'en ai fait l'expérience. Le Piracantha se plaît dans un terrein sec & graveleux, & deviendra un grand arbre, si on le gouverne avec soin, & qu'on évite de lui

Tome I.   H

donner du fumier, ou d'autres
amandemens gras qui le détruiroient.

SECTION XI.

Du Chêne verd.

QUOIQUE j'aye déja parlé
de cette Plante dans le premier
Livre de cet Ouvrage, & que j'aye
dit que c'étoit un arbre excellent
pour la charpente, je ne puis me
difpenfer de rapporter ici le grand
ufage qu'on en doit faire dans les
Jardins. J'en ai vu des Plantes en
piramides de près de trente pieds
de haut ; & il y en a actuellement
en Angleterre des hayes encore
plus hautes qui n'ont été plantées
que depuis quelques années. Un
pareil ombrage eft préferable à celui des ormes d'Hollande dont on
fe fert pour garantir les Orangers

du soleil & des grands vents, & on devroit les employer pour défendre nos arbres fruitiers de la brouine qui accompagne trop souvent les vents de Nord-Est au Printems : voyez la culture de cet arbre dans le premier Livre ; il faut multiplier de la même maniere les Liéges qui lui ressemblent assez.

SECTION XII.

De l'Arbousier.

QUOIQUE l'Arbousier soit une Plante exotique, elle réussit fort bien dans notre climat : c'est un très-bel arbre qui fleurit deux fois par an, & dont le fruit meurit en Hyver ; néanmoins malgré ces excellentes qualités, il est peu recherché, sans doute parce qu'il est étranger, & qu'on ne suppose pas qu'il soit assez dur pour resister aux

gêlées de notre climat. J'ai entendu
dire qu'il croît abondamment en
Irlande, & j'en ai vu de grands
arbres dans quelques Jardins auprès de Londres. A la vérité cette
Plante n'est pas disposée de maniere à faire d'aussi beaux arbres
que bien d'autres; mais on en forme de très-bonnes hayes, & elle
fait un grand ornement dans les
bosquets. Elle se plaît dans un terrein léger & graveleux, & peut être
multipliée, soit de graine, soit en
en couchant les branches. Son fruit
qui ressemble fort à la fraise, mais
qui a plutôt le goût de la corme sau-
vage, se recueille autour de Noël;
on le laisse sécher un mois, après
quoi on le casse & on le met dans
le sable pour le semer dans des pots
de terre légere, que l'on recouvre
d'environ trois lignes de terreau
criblé. Cette opération doit se faire
au mois de Mars. La chaleur douce
d'une couche est d'un grand se

cours pour faire germer la graine, qu'il faut arrofer fouvent d'eau d'é-tang jufqu'à ce qu'elle foit levée.

Les tiges les plus tendres de cet arbre doivent être couchées vers le mois de Septembre dans une bonne terre, & elles prendront ra-cine au bout d'un an, pourvu qu'on les tienne un peu humides, en les arrofant fouvent; mais elles ne fe-ront affez fortes pour être tranf-plantées qu'au Printems fuivant; pour-lors il faudra les tenir à l'om-bre pendant deux ou trois mois.

SECTION XIII.

Du Troëne verd d'Italie.

CETTE Plante fut apportée d'I-talie par M. Balle, parmi d'autres raretés du même gente. Ses feuilles reffemblent à celles de l'Olivier, & les Italiens lui donnent entre

autres noms celui d'*Olivetta*. Quoique cette Plante croiffe vîte, elle
forme une haye admirable, quand
on a foin de l'émonder fouvent; &
quoiqu'étrangere elle brave la violence de nos gêlées, & conferve
fa verdure pendant tout l'Hyver.
Je n'en ai jamais vû de fleurs, mais
on m'en a donné beaucoup de fruits
qui reffemblent un peu au fruit du
Mirthe. On doit femer au mois de
Mars les fruits de cette Plante à un
pouce ou environ de profondeur
dans une terre légere, & les arrofer fréquemment jufqu'à ce qu'ils
foient levés, & qu'on les tranfplante la deuxiéme année du carreau où ils ont été fémés. Je compte qu'une terre chaude & grave-
leufe eft la meilleure pour cette
Plante; car j'en ai planté dans cette
forte de terrein plufieurs qui ont
pouffé en un Eté des tiges de quatre
pieds de longueur.

Indépendamment des arbres toujours verds dont j'ai fait mention, soit pour les hayes ou pour les tailler, & les mettre dans les parterres; on me permettra de parler des autres que les Curieux cultivent pour différens usages: tels sont l'Olivier, le Lentisque & le Pistachier, qu'on peut planter auprès des murs exposés au soleil de Midy, & qui y réussiront fort bien sans avoir d'autre abri. Je me souviens d'avoir vu dans le Jardin de M. Darby à Hoxton des Oliviers dont le fruit étoit bien mûr; je crois en avoir vu aussi dans les Jardins de M. l'Evêque de Londres à Fulham, & mon avis est que ces Plantes sont assez dures pour vivre dans notre climat sans aucun abri: cela vaudroit bien la peine d'en faire l'expérience; on multiplie l'Olivier en couchant ses jeunes branches dans la terre vers le mois de Mars.

Le Lentisque est une Plante que l'on tient communement dans les

H iv

ferres; mais on le plante quelquefois le long des murailles chaudes
fans chaffis. On le multiplie de femence que l'on nous apporte d'Italie & d'autres endroits fur la Medi-
terranée.

Le Piftachier eft auffi une Plante qui réuffit affez bien dans notre
climat, & qui peut être perpetuée
de femence, ou par le moyen des
rejettons gouvernés de la même
maniere que les autres arbres toujours verds dont j'ai parlé ci-devant. Ce dernier arbre fe plante
communement contre une muraille, & j'en ai vu dans cette expofition qui portoient du fruit dans les
Jardins de l'Evêque de Londres à
Fulham. J'en ai vu encore qui
croiffoient dans les bofquets appar-
tenans au Comte de Peterborough
à *Parfons-Green*, où, quoiqu'ils
portaffent du fruit en abondance,
on n'en a connu le nom que l'année derniere.

Les différentes efpeces deSapins font aufli d'un grand ornement dans les bofquets & fort bons pour les plantations des Forefts. Il y en a beaucoup d'efpeces qui viennent toutes de graine que l'on feme en Septembre : elles fe plaifent dans un terrein bas & un peu compact, & on en coupe les branches laterales tandis qu'elles font jeunes & tendres, au moyen de quoi le bois n'en fera pas noueux.

Enfuite viennent le Cyprés, le *Lignum vitæ*, le Cédre du Liban & autres de même nature, que l'on peut perpétuer comme les précedens, & les employer pour les bofquets.

Après avoir rapporté la maniere de cultiver toutes les efpeces d'arbres toujours verds que lesCurieux peuvent avoir envie de perpétuer, foit pour les parterres ou pour les bofquets, je finirai ce chapitre, en difant un mot ou deux des gafons

H v

dont on se sert, soit en bordures, soit pour les ouvrages figurés dans les Jardins, d'autant plus que je ne puis guere trouver un endroit plus convenable que celui-ci, pour faire voir combien de pareils ouvrages en gazon contribuent à l'embellissement d'un parterre. Le tems le plus favorable pour cela est le mois de Mars ou de Septembre ; & le meilleur gazon est celui qu'on tire des terres les plus stériles, comme les bruyeres & les communes, où la feuille du gazon est étroite & courte. Pour former une allée de gazon, il faut auparavant labourer bien & applanir la terre ; ensuite la presser avec les pieds, ou la faire battre & ratisser par des Ouvriers adroits, y poser les touffes de gazons bien serrées les unes contre les autres, & y passer le rouleau de bois cinq ou six matinées de suite, jusqu'à ce qu'elles soient bien pressées, &

que le gazon commence à prendre racine ; par ce moyen on peut se procurer en peu de tems des bonnes allées ou autres promenoirs de gazon, & en tirer un agrément continuel, surtout s'il est dans un lieu humide & un peu à couvert de la chaleur brûlante du soleil qui est sujette à le gâter. Je vais maintenant parler des arbres & arbrisseaux à fleurs, qui sont propres à orner les Jardins.

CHAPITRE III.

Des arbres & arbrisseaux à fleurs ;
de leur culture & de leur utilité
dans un Jardin.

COMME je crois qu'après les arbres toujours verds, ce que les Curieux doivent plutôt chercher à cultiver dans leurs Jardins, sont les arbres & arbrisseaux à fleurs ; je

vais descendre par rapport à leur
culture dans le même détail, que
j'ai fait dans le chapitre précedent
par rapport au gouvernement des
arbres & arbrisseaux toujours verds.

Je crois que personne n'ignore
que la plûpart de ces arbres & arbrisseaux à fleurs qui sont à présent
si bien connus de nos Jardiniers,
sont exotiques ; & qu'il seroit fort
à propos d'examiner de quels climats ils ont été apportés d'abord,
afin que pour l'embellissement de
nos Jardins nous puissions dans la
suite chercher beaucoup d'autres
varietés des mêmes especes dans
les Païs dont le climat approche
le plus du nôtre.

Je trouve que les Plantes de la
Virginie & même celles des cantons septentrionaux de la Caroline
supporteroient fort bien la rigueur
de nos gelées, si on les gouvernoit
avec prudence. Le Tulipier, par
exemple, qui fleurit si bien dans

les bosquets du Comte de Peter-
boroug à Parsons-Green, est une
Plante de la Virginie, & cependant
elle n'éprouve aucune différence
entre le trente-huitiéme & le cin-
quante-deuxiéme degré de latitude.
Dans son climat naturel cette Plante se trouve dans les Bois ; & dans
le Jardin de Milord Peterborough,
elle fleurit dans un bosquet : mais
j'en ai vu qu'on a plantées dans
une exposition beaucoup plus
chaude & plus découverte, &
elles y ont péri : c'est à quoi les
Jardiniers doivent prendre garde,
& planter dans un Bois les Plantes
qui croissent naturellement dans
les Bois, & dans les Plaines celles
qui y viennent originairement. Je
vais annoncer ici la méthode la
plus convenable pour faire croître
ces Plantes curieuses qui viennent
des Païs étrangers, & je donnerai
quelques regles pour les naturali-
ser quand une fois elles sont chez

nous. Mais comme j'ai à préfent
par devers moi des papiers qui ont
rapport purement à la culture & au
gouvernement des Plantes exotiques, que l'on m'a confeillé de
rendre publics, je prie le Lecteur
de prendre patience jufqu'à ce que
je lui prefente tout ce que je fçai
fur cette matiere ; pour le préfent
je vais lui donner les inftructions
néceffaires pour gouverner ces
Plantes étrangeres qui font déja,
pour ainfi dire, naturalifées chez
nous.

Les Plantes qui feront la matiere de ce chapitre, & qui méritent le plus notre attention, font
les Jafmins, les Chevrefeuilles,
les Lilas, le Seringa, les Rofiers,
les Rofiers dorés, le Geneft, le
Liburnum, le Mezereon, le Spi-
rea, l'Arbre de Judas, l'Arbre de
la Paffion, les Sennés, & les Tu-
lippiers.

SECTION PREMIERE.

Du Jasmin.

IL y a trois sortes de Jasmins qui supportent les gêlées, que les Jardiniers connoissent & distinguent sous les noms de Jasmin blanc ordinaire, Jasmin jaune, & Jasmin de Perse. Le premier est en état de resister aux plus grandes gêlées, il croît vigoureusement & pousse quelquefois des branches de plus de six pieds en un Eté. Il donne au mois de Juin des fleurs blanches & douces, qui durent jusqu'en Septembre. On le multiplie fort aisément de boutures ou de marcottes, & il croît dans toute sorte de terreins. La saison de coucher en terre les jeunes branches de cette Plante, est le mois de Septembre, & pour-lors on en

peut auffi planter des boutures
d'environ un pied de longueur, en
obfervant toujours qu'il y ait deux
nœuds d'enterrés; car c'eft préci-
fement au-deffous des yeux que les
racines pouffent, c'eft-à-dire, du
lieu où la feuille de l'Eté s'eft jointe
à la branche. Cette Plante eft fi
gracieufe que je ne crois pas qu'un
Curieux puiffe fe difpenfer d'en
avoir une grande plantation, foit
pour le placer contre les murailles,
ou des arbres, ou même pour en
former des têtes régulieres. J'ai vu
cette efpece de Jafmins plantée
dans des hayes d'ormes d'Hollande, s'entrelaffant fort bien d'elle-
même avec eux, & donnant ainfi
beaucoup de plaifir à fon Maître
par le moyen de fes belles fleurs &
de fon odeur délicieufe. Quand on
en forme des Plantes régulieres &
qu'on les conferve dans des pots,
elle fert à orner les cheminées dans
l'Eté; il eft d'ufage auffi pour gref-

fer le Jafmin blanc d'Efpagne , ou ceux de fa propre efpece à feuilles tachetées.

Le Jafmin jaune a les feuilles plus liffes que le précedent , & fes fleurs approchent fort de celles du Jafmin jaune des Indes. J'en ai vu un très-petit nombre de Plantes aux environs de Londres , quoiqu'à mon avis il furpaffe le précedent en beauté : il eft affez dur pour fupporter les plus mauvais tems de notre climat , & peut être multiplié comme les autres, par le moïen des branches couchées. Je me fouviens d'en avoir vu profiter contre une muraille dans une terre légere & fabloneufe, & je fuis fort difpofé à croire que le Jafmin des Indes doit être greffé fur celui-ci parceque l'odeur de ces deux fleurs eft à peu près la même ; ce qui femble nous apprendre que les parties & les fucs de l'une & de l'autre font femblables. Car fi la fleur contient les

fucs les plus rafinés de la Plante,
& qu'on convienne que l'odeur de
cette fleur vient de certaines vapeurs qui s'élevent des fucs qu'elle
renferme ; il eft raifonnable de
penfer que , quand on rencontre
des fleurs de différentes Plantes
qui affectent les organes de l'odo-
rat de la même maniere , les fucs
de chacune de ces Plantes doivent
être à peu près femblables , & que
les vaiffeaux & les glandes , par lefquels ils ont paffé depuis la racine,
fe reffemblent beaucoup, foit pour
la figure , foit pour la qualité , &
peut-être pour toutes les deux.

Le Jafmin de Perfe produit des
fleurs d'une couleur pourpre, mais
il devient rarement une Plante bien
forte ; il fupporte bien les mauvais
tems , & fait une affez belle figure
dans des bofquets parmi les autres
arbriffeaux à fleurs : on peut le
multiplier de boutures , ou en couchant fes branches , & il fe plaît

dans une terre légere. On peut aussi le greffer sur le Lilas.

SECTION II.

Du Chevrefeuille.

LEs Jardiniers cultivent plusieurs especes de Chevrefeuilles, qu'ils distinguent sous les noms de Chevrefeuilles précoces, tardifs, à fleurs écarlates & toujours verds. Ce sont toutes des Plantes qui s'entrelassent aisément ; on les multiplie, soit de boutures, ou en couchant leurs branches en terre, & il faut s'y prendre comme pour les Jasmins en Septembre ou Octobre. Elles aiment l'ombre & habitent originairement les Bois, où les arbres voisins leur servent de support. Il y a pendant tout l'Eté toujours quelques-unes de ces especes en fleurs qui parfument l'air de leur

excellente odeur ; c'eſt pourquoi
je conſeillerois à un Jardinier de
raſſembler toutes les eſpeces que
je viens de nommer. Ces fleurs
ſont fort belles par elles-mêmes ;
& comme les Plantes croiſſent fort
vîte, il faut les placer autour des
arbres dans les avenuës ; elles
entrelaſſeront leurs fleurs dans les
branches des ormes, des chênes &
autres arbres ſemblables. De plus,
quoique le Chevrefeuille ſoit une
Plante courante comme le Jaſmin,
on peut cependant le tailler & en
former une Plante à tête, & dans
ce cas il fait un effet admirable
dans les cantons les plus écartés
du parterre. Car ſi on le plantoit
au centre du parterre, ou bien au
milieu des arbriſſeaux toujours
verds, il choqueroit la vûe pendant pluſieurs mois de l'année,
lorſqu'il eſt dépouillé de ſes feuilles.

S'il m'eſt permis de donner des

regles à la fantaifie des autres, je ferois d'avis que l'on taillât en pomme toutes les efpeces d'arbrif-feaux à fleurs, & qu'on les plantât dans des pots, afin de pouvoir les placer, quand ils font en fleurs, dans les plattebandes parmi les ar-bres toujours verds, & les ôter dès que leurs fleurs font paffées, pour faire place à d'autres.

SECTION III.

Du Lilas.

LEs Jardiniers diftinguent or-dinairement deux fortes de Lilas, fçavoir le bleu & le blanc. Les Bo-taniftes appellent à la vérité le Li-las du nom de Syringa ou Arbre *à tuyau*, mais les Jardiniers don-nent le nom de Syringa à une autre Plante; c'eft pourquoi mon deffein étant ici de travailler pour les Jar-

diniers, je donnerai à chaque Plante le nom fous lequel ils les connoissent. Le Lilas est une Plante
qui croît de la grosseur d'un arbre
passable & qui porte au mois de
May des grappes de fleurs bleues,
ou plutôt pourpres comme les plumes de certains oiseaux. Je ne
connois rien de si beau à voir que
cet arbre quand il est en fleurs, &
quoiqu'il soit fort commun, il mérite bien d'être cultivé. De petites
allées garnies de ces arbres font un
très - bel effet, & ils ne font pas
moins beaux dans les quarrés des
bosquets, surtout quand le blanc se
trouve mêlé judicieusement avec
le bleu. On peut le multiplier en
couchant ses jeunes branches dans
la terre au mois de Mars, ou bien
en détachant ses rejettons, & les
plantant dans une terre légere pendant le même mois, ou bien vers
le mois de Septembre.

SECTION IV.

Du Syringa.

LE Syringa a deux qualités qu'y a remarquées un sçavant & curieux Botaniste, l'Evêque de Londres, sçavoir que ses feuilles ont le goût des concombres verds, & que ses fleurs ont l'odeur de la fleur d'orange. Cet arbrisseau est également propre pour être planté dans les quarrés des bosquets, & pour former des Plantes en pomme; on le met souvent même dans des pots pour orner les cheminées pendant l'Eté. Il produit des grappes de belles fleurs blanches au mois de May, & reste six semaines en fleurs. Je n'ai jamais essayé de le multiplier de graine, & je ne crois pas même qu'il en faille prendre la peine, d'autant plus que ses racines

pouſſent beaucoup de rejettons
qu'on ſépare facilement aux moïs
de Mars ou de Septembre pour les
tranſplanter. Le Syringa croît preſque partout; & quand il eſt planté
à l'ombre il pouſſe avec beaucoup
de vigueur ; mais s'il eſt fort expo-
ſé au ſoleil, il produira une plus
grande quantité de fleurs.

SECTION V.

Du Roſier & de ſes eſpeces.

NOUS n'avons point d'arbres
ou d'arbriſſeaux à fleurs dont nos
Jardiniers cultivent une ſi grande
quantité d'eſpeces que des Roſiers.
Leurs fleurs ſont délicieuſes pour
leur beauté & leur odeur agréable;
j'en ai vû des différentes eſpeces
fleurir pendant dix mois de l'année,
ſans qu'on employât aucun artifice
pour déranger la ſaiſon naturelle
de

de leurs fleurs. Les Jardiniers les distinguent par les noms suivans : Premierement, la Rose cinnamome, c'est celle qui fleurit la premiere de toutes ; la Rose de tous les mois, qui, quand elle se trouve placée contre une muraille, commence à fleurir à la fin de Mars ou au commencement d'Avril , & continue à donner des fleurs pendant trois mois : mais si on a soin de tailler le sommet de ses branches, quand sa fleur est passée, on peut esperer d'avoir sur les mêmes arbres encore une récolte de fleurs en Automne qui durera presque jusqu'à Noël , si le tems est favorable. Ensuite vient la Rose muscate, qui commence à fleurir en May & dure six semaines : la Rosemonde ou la Rose d'York & de Lancastre avec les Roses blanches , rouges & jaunes, qui commencent à fleurir un peu plus tard que la muscate; & enfin la derniere de toutes est

Tome I.   I

la Rose à mille feuilles, ou la Rose
de Provins qui nous fait voir ses
fleurs surprenantes. Mais indépen-
demment des especes dont je viens
de faire l'énumeration, il y en a
beaucoup d'autres que je n'ai pas
encore vûes. La Duchesse de Beau-
fort, cette curieuse & incompara-
ble Botaniste, m'a dit qu'elle en
cultivoit de seize sortes différentes
dans ses Jardins à Badminton ;
mais quoique les diverses especes
de Roses ne fleurissent pas dans le
même-tems, cependant la maniere
de les multiplier est la même. Les
Rosiers se plaisent dans une terre
forte & serrée, & aiment tant les
lieux humides, qu'ils croîtroient
même dans l'eau. On peut les perpétuer, soit en couchant leurs
branches, soit par le moyen des
rejettons. Les branches se cou-
chent au mois de Septembre, &
les rejettons doivent être séparés
des vieilles racines dans le même

mois, ou dans celui de Mars, & transplantés aussitôt après, afin que leurs racines qui n'ont que peu de fibres, n'aïent pas le tems de sécher; mais en cas que la nécessité nous oblige à les tenir quelque tems hors de terre, il faudra tremper les racines dans l'eau cinq ou six heures avant que de les planter. Le Rosier doit être cultivé pour le placer dans les quarrés des bosquets parmi les autres arbrisseaux à fleurs, ou pour le laisser croître de maniere à le mettre dans des pots.

SECTION VI.

De la Rose dorée.

LA Rose dorée produit au mois de May des guirlandes de fleurs blanches aussi grosses qu'une balle de jeu de paume. Il est rare que la Plante devienne haute ou qu'elle foit capable de recevoir aucune forme réguliere ; c'eft pourquoi on la multiplie furtout pour la mettre dans des bofquets ou autres lieux écartés. Elle fe plaît dans une terre un peu compacte, & doit être multipliée par le moyen des rejettons que l'on détache de la vieille racine au mois de Mars ou au mois de Septembre.

SECTION VII.

Du Geneft d'Efpagne.

LE Geneft d'Efpagne eft une Plante dont les feuilles ne font pas à la vérité fort belles, mais qui produit au mois de Juin des épis de fleurs jaunes, qui la font rechercher dans nos Jardins ; cette Plante eft irréguliere, & les Jardiniers ne peuvent jamais l'affujettir à aucune forme. On doit le planter dans les

bosquets parmi les autres arbriffeaux à fleurs entre lefquels il figure fort bien. On le multiplie ou
de graine que l'on feme au mois
de Mars dans une terre légere, ou
bien en couchant fes branches les
plus tendres pendant le même
mois, & les coûpant aux nœuds,
de même que celles des œillets
carnés; mais cette derniere méthode eft moins certaine & plus
embarraffante que de la multiplier
par le moyen de la graine.

Je ne puis m'empêcher de parler
ici du Geneft ordinaire d'Angleterre & du Geneft épineux, comme de Plantes qui méritent bien
notre attention, le premier pour
le mêler parmi les autres arbriffeaux dans les bofquets, & le fecond pour être taillé d'une maniere
réguliere. On les multiplie tous
les deux de graine que l'on feme
au mois de Mars, & on ne doit
pas les tranfplanter fans de grandes

précautions quand une fois ils ont un an. J'ai vu quelques Plantes de Genefts épineux qui étoient cultivés dans les Jardins d'un de mes amis, & dont la beauté ne le cedoit point à celle des meilleurs arbriffeaux toujours verds; on peut le tondre comme l'If, & à mon avis il le furpaffe à tous égards, car il fleurit dans toutes les faifons de l'année: s'il n'étoit pas fi commun, je ne doute pas qu'on ne le plantât plus fouvent dans nos Jardins & préférablement à tout autre arbriffeau toujours verd. Quand il eft bien taillé, il forme des hayes très-belles & impénetrables.

SECTION VIII.

De l'Aubours.

L'AUBOURS eft un arbriffeau, ou plutôt un petit arbre fort beau.

J'en ai vu de vingt pieds de hauteur, qui étoient chargés aux mois
de May & de Juin de beaux nerfs
de fleurs jaunes, & qui produi-
foient beaucoup de fruit qui mûrit
en Septembre. Cette Plante refiste
aux gelées les plus violentes, &
croît dans l'exposition la plus découverte aussi-bien qu'à l'ombre
des grands arbres. On le plante
communement parmi les autres arbrisseaux à fleurs dans des bosquets.
On peut aifément le multiplier de
graine, que l'on feme au mois de
Mars, & que l'on transplante fans
aucun inconvénient deux ans après
que les Plantes font levées.

SECTION IX.

Du Mezereon.

LEs Jardiniers distinguent deux
fortes de Mezereon, fçavoir celui

qui a les fleurs rouges & celui qui
les a blanches. Le premier est assez
commun dans tous les Jardins,
mais celui qui porte des fleurs
blanches est fort rare. Tous les
deux font des Plantes basses qui
viennent rarement de plus de trois
pieds de hauteur ; mais ils ont deux
excellentes qualités qui les rendent
plus estimables que d'autres arbres
beaucoup plus grands. Leurs tiges
font chargées de fleurs en Janvier,
& tout l'air est parfumé de leur
odeur délicieuse. Ils conservent
long-tems leurs fleurs, & ne font
pas moins bien ornés ensuite par
les fruits qui leur succedent. Je ne
connois point d'autre méthode
pour les multiplier que de les femer au mois de Mars, si on peut
empêcher que les oiseaux ne man-
gent la graine dont ils font fort
friands. J'ai mangé quelques-uns
de ces fruits que je n'ai pas trouvés
de mauvais goût ; mais une heure

après les avoir avallés , je me fuis
fenti dans le gofier une chaleur extraordinaire qui m'a caufé pendant
douze heures une ardeur violente
& fort incommode. On devroit bien
prendre la peine d'examiner fi la
graine de toutes les Plantes qui
fleuriffent de bonne heure n'eft pas
chaude à proportion de celle du
Mezereon , & fi cette chaleur extraordinaire n'eft pas une des caufes
qui les fait pouffer de bonne heure.
Cette Plante mérite bien d'être
admife dans les parterres , parce
que c'eft une fleur baffe , ou dans
les quarrés des bofquets , à caufe
de fes belles fleurs , mais principalement dans un Jardin d'Hyver.
Le fol dans lequel le Mezereon fe
plaît le plus , eft une terre franche.

I v

SECTION X.

Du Spiræa frutex.

CETTE Plante qui est connue
des Jardiniers sous le nom de Spi-
ræa frutex, fleurit au mois d'Août,
& produit des épis de fleurs de
couleur mouchetée ; l'arbrisseau
monte rarement de plus de trois
pieds. Ses fleurs sont belles, &
c'est une Plante qui ne doit pas
manquer dans un Jardin. On la
multiplie par les rejettons qu'on
détache au mois de Mars, & qu'on
plante dans une terre légere.

SECTION XI.

Du Gainier ou Arbre de Judas.

CETTE Plante est fort commune dans les cantons les plus

méridionaux de l'Europe, mais
j'en ai reçu aussi des graines de
l'Amerique & (je crois) de la Virginie. Je les ai semées au mois de
Mars, & j'en ai obtenu un grand
nombre de Plantes, qui sont maintenant assez communes dans la
plûpart des Jardins curieux. Cette
Plante devient fort haute jusqu'au
point de devenir un assez grand
arbre ; mais on la plante plus communement chez nous contre une
muraille, qu'en pleine terre & à
découvert. Elle produit dans le
mois de Mars ou d'Avril de belles
fleurs couleur de rose en grappes,
même avant que ses feuilles soient
développées. Le dernier Evêque
de Londres en mangeoit les fleurs
en salade, & en avoit un fort bel
arbre placé dans son Jardin contre
une muraille. La Plante est assez
dure par elle-même pour resister à
nos gêlées, & je ne doute pas
qu'elle ne réussît fort bien dans les

bofquets parmi d'autres arbriffeaux à fleurs. Elle fe plaît dans une terre franche.

SECTION XII.

De la Grenadille ou fleur de la Paffion.

IL y a différentes efpeces de fleurs de la Paffion, dont les unes font toujours vertes, d'autres perdent leurs feuilles ; les unes meurent tous les Hyvers jufqu'à la racine, & d'autres font des Plantes annuelles. J'en ai compté près de trente fortes dans le Jardin des Plantes à Amfterdam, & c'eft-là qu'il s'en trouve plus d'efpeces différentes que j'en aye jamais vu. Mais comme mon deffein n'eft pas d'entrer ici dans le détail d'aucune Plante qui ne foit capable de refifter fans abri à la rigueur de notre climat, je ne parlerai que d'une feule efpece qui eft fort connue de nos Jardiniers, & je tâcherai de rectifier la méprife dans laquelle je crois que bien des gens font tombés par rapport aux fleurs de la Paffion. On prétend que nous en avons en Angleterre au moins deux efpeces dures, fçavoir l'efpece qui porte du fruit, & l'efpece commune qui n'en produit point. Mais c'eft une erreur; ce n'eft qu'une feule & même Plante : la différence de culture feule rend l'une ftérile & l'autre féconde. Avant que de paffer à la culture de cette Plante, on s'attend peut-être que je dirai quelque chofe de fa fleur & de fon fruit qui font fort remarquables, tant par leur beauté finguliere que par les contes étranges que les Moines Efpagnols divulguerent de leurs fleurs, lorfqu'ils firent la premiere découverte des Indes Occidentales. La fleur a environ quatre pouces de longueur, quand elle eſt dans ſon plein, elle a dix pétales blancs au-dedans deſquels ſont placés tout autour du piſtile deux rangées d'étamines à peu près ſemblables à des filets de couleur pourpre. Le piſtile qui reſſemble au pied d'eſtal d'une colomne ſe partage au ſommet en trois parties, qui tournent leur ouverture vers le fond de la fleur, & ſont d'une couleur d'Indigo : outre ces trois tubes, immédiatement au-deſſous de la partie du piſtile où ils ſont attachés, ſe trouvent cinq étamines qui ſe diſpoſent d'elles-mêmes en forme d'étoiles, & ſont garnies de ſommets jaunes ſur leurs pointes. Sur le pédicule de chaque fleur eſt une main, & à cette main ſe joint la feuille de la Plante découpée profondement ſur les bords. On peut voir tout cela dans la planche, Fig. 3ᵉ. de ce volume. On la nomme Arbre de la Paſſion, parce que l'imagination des Moines qui, lorsqu'ils la découvrirent pour la premiere fois, ajouterent à un deſſein malfait de cette fleur quelque choſe qui y manquoit naturellement, leur fit croire qu'elle contenoit un abregé de la Paſſion de notre Sauveur. Cetre deſcription ne déplaira peut-être pas au Lecteur : les dix pétales, diſent-ils, repreſentent les dix Apôtres ; & ſi on leur objecte qu'il y en avoit douze, ils répondent que Judas s'étoit pendu, & que Pierre avoit renié ſon Maître ; les parties ſtamineuſes qui s'étendent d'elles-mêmes ſur la fleur, reſſemblent à une gloire, & les petits filets pourpres qui ſe trouvent autour du fond du piſtile, font une eſpece de couronne d'épines ; le piſtile qui eſt au milieu des fleurs reſſemble à la colomne, à laquelle ils prétendent que les Juifs attachoient les criminels qu'ils flagelloient ; & afin qu'aucune partie de l'hiſtoire n'y manque, ils prennent la main pour une corde, & la feuille de la Plante pour un poignet ; les trois diviſions qui ſont au ſommet du piſtile, ſont les trois clous, & détachant une des cinq étamines avec ſon ſommet ils l'appellent un marteau & font une croix des quatre autres reſtans : les trois *machines* qui ſont au fond de la fleur repreſentent les trois Soldats qui tirent au ſort ; & le tems de trois jours qui ſe paſſe entre l'ouverture & la clôture de chaque fleur, complete aſſez heu-reuſement l'hiſtoire. Ainſi les gens ſuperſtitieux ſe forgent toujours des imaginations. Les anciens Her-boriſtes ont un peu fait mention de cette hiſtoire ; mais je l'ai trouvée bien plus en vogue lorſque j'étois à Bruxelles, & même au-de-là de tout ce que je viens d'en dire.

Paſſons à la culture de cette Plante. Si nous voulons qu'elle produife du fruit, il faut la planter dans des endroits frais & humides, où elle foit continuellement nourrie d'eau : je tiens cela du curieux M. Adam Holt, Jardinier du précedent Evêque de Londres, qui m'a fait voir une lettre des Indes Occidentales, par où j'ai appris que cette Plante vient ordinairement dans les lieux marécageux. J'en ai vu depuis ce tems à Brentford dans la Pépiniere de M. Greening, un arbre chargé de plus de 300 fruits, lequel étoit planté dans du fumier de vache, que l'on renouvelloit de tems en tems avec la même terre fraîche. Le fruit étoit conftruit à peu près comme les limons & de la même couleur ; il étoit compofé d'une belle chair rouge & de graines, à peu près comme la grenade, & fon goût n'étoit pas defagréable. Mais le plus gros fruit de cette efpece que j'aye jamais vu, fut envoyé depuis quelque tems à la

Société Royale par un Gentilhomme curieux, qui demeure, fi je ne me trompe, dans la partie Occidentale de l'Angleterre, avec un détail de la maniere dont il faut les cultiver. Il en avoit un grand arbre adoffé à fa maifon qui croiffoit au-deffus de l'égout de fon potager, dans lequel les racines de fon arbre de la Paffion trouverent à fe faire un paffage. L'arbre commença dès-lors à produire du fruit.

D'après ces obfervations j'ai découvert la maniere la plus propre de cultiver cette Plante pour lui faire produire du fruit ; & les avis que j'ai donnés à plufieurs de mes amis de mettre beaucoup de fumier de vache autour des racines, & de les tenir fréquemment humectées dans la faifon de la fleur, ont suffi pour lui faire produire affez de fruit pour fatisfaire leur curiofité.

On peut multiplier cette Plante, foit de graine que l'on feme au mois de Mars, soit en couchant ses branches dans le même-tems. Chaque bouture plantée dans une bonne terre reprend racine dans les mois de May ou de Juin. Cette Plante croît si vîte, que j'en ai vu pousser en un Eté des branches de dix-huit pieds de longueur, & elle est assez dure pour que les plus fortes gêlées qui peut-être détruiroient la Plante jusqu'au raz de terre, ne puissent faire impression sur ses racines. Dans les grandes gêlées dernieres, je commençai à desesperer de pouvoir en sauver deux fortes Plantes qui étoient en plein air, & je les fis même couper par le pied sans esperance de les réchaper : mais au mois de May suivant les seules fibres qui restoient produisirent plus de cinquante Plantes de chaque racine. On doit remarquer qu'il n'y a que les petites tiges de ces Plantes qui produisent des fleurs, desorte qu'en clouant & taillant cet arbre, on doit en laisser quelques-unes pour fleurir de bonne heure; car il n'y a que ces fleurs précoces qui donnent du fruit.

SECTION XIII.

Du Senné.

ENTRE plusieurs especes de Senné ausquels les Jardiniers donnent différens noms, il y en a deux qui sont plus généralement connuës & dont on fait usage, sçavoir le Senné *Scorpion* & le Senné *Vessie.* Le premier est à mon avis le plus beau & celui qui mérite le mieux notre attention : ses fleurs paroissent aussi-bien en Automne que dans le Printems. Tous les deux sont de petits arbrisseaux propres pour les bosquets, & on doit les cultiver pour cet usage, soit en en semant la graine vers la fin de Mars, foit en couchant dans la terre leurs tiges les plus tendres au mois d'Avril ou de May, qui prendront racines auffitôt & pourront être tranfplantées fans aucun inconvenient. Ils fe plaifent dans une terre franche, & croiffent fort bien à l'ombre.

SECTION XIV.

Du Tulippier.

J'AI déja dit quelque chofe de cet arbre au commencement de ce chapitre, furtout au fujet de ce qu'il s'en trouve à préfent dans les Jardins du Lord Peterborough. C'eft une Plante des bois qui ne profite pas bien dans une expofition plus découverte ; je le répete ici, parce qu'il eft rare que nos Jardiniers apportent affez de précaution dans la culture des Plantes

nouvelles. L'arbre de Tulippe doit
être placé au rang des arbres que
l'on deftine pour les bofquets, &
il croît auffi haut qu'aucun de nos
arbres de haute futaye. Ses feuilles
font faites à peu près comme celles
du Pommier, & fes fleurs qui s'é-
panouiffent en Juillet, fe trouvent
fouvent à l'extrêmité des branches.
Elles ont à la vérité quelque ref-
femblance avec la Tulippe, mais
pas affez pour en prendre le nom.
Ses pétales font jaunes, un peu
rayées de rouge : le fruit qui leur
fuccede eft femblable aux cônes des
Sapins, mais il ne meurit pas parfaitement en Angleterre ; cependant comme on en reçoit fouvent
de bonne graine de la Virginie &
de la Caroline, je vais donner à
mes Lecteurs la maniere dont je
m'y fuis pris pour le faire pouffer ;
car il eft difficile de le multiplier
en couchant fes branches. L'ingenieux M. Adam Holt ayant reçu

de la Virginie quelques cônes de Tulipiers ; il en fema la graine dans des pots vers le mois d'Août, qu'il tint à couvert pendant tout l'Hyver ; le Printems fuivant elle leva fans le fecours d'une couche. Il eft bon de remarquer le tems propre à femer cette graine ; car j'ai fouvent effayé d'en femer au Printems ; mais elle n'a pas pu lever dans cette faifon. On doit tranfplanter les jeunes Plantes dans des Pots feparés, quand elles ont deux ans, & les tenir à couvert pendant les neuf premieres années au moins, jufqu'à ce qu'elles foient affez fortes pour refifter à la rigueur de nos gêlées : on peut alors les planter dans une terre naturelle, comme je l'ai indiqué, mais plutôt dans un terrein fabloneux que dans tout autre. Voyez la Figure de cette Fleur, Fig. 4e. Pl. III.

SECTION XV.

Du Grenadier.

NOus ne connoiſſons que deux
eſpeces de Grenadiers, ſçavoir
celle qui porte des fleurs ſimples,
& l'eſpece double. Elles ſont toutes
les deux aſſez dures pour ſupporter
la rigueur de nos Hyvers, & on
les perpetue en couchant dans la
terre leurs jeunes branches au mois
de Mars. Les fleurs de ces deux
eſpeces ſont d'une très-belle couleur écarlate ; les ſimples ſeules
ſont deſtinées à produire du fruit
qui meurit quelquefois chez nous.
J'ai vu quelques-unes de ces Plantes taillées en pomme ; mais je
ſerois plutôt d'avis qu'on les plantât en hayes ou dans les boſquets,
où elles ſeroient moins expoſées à
ſentir la ſerpette ni le cizeau. Il y a
des

des gens qui en ont formé des treilles qui ont fait un coup d'œil extrêmement beau. Ces Plantes se plaisent dans une terre légere, & on peut les transplanter, soit au Printems ou en Automne.

SECTION XVI.

De l'Althœa.

ON trouve communement dans les Jardins deux sortes d'Althæa qui different l'une de l'autre par la couleur de leurs fleurs, dont les unes sont blanches, & les autres pourpres. On peut les multiplier au mois de Septembre, soit en en couchant les branches, soit au moyen de leurs rejettons que l'on détache des racines dans le même-tems, soit même de graine que l'on seme au mois de May : on les place tout communement dans les

bosquets. Elles fourniffent au mois
de May un grand nombre de fleurs
qui font un très-bel effet : elles
croiffent dans toutes fortes de terreins fans donner beaucoup d'embarras aux Jardiniers.

SECTION XVII.

*De la treille de Virginie à fleurs
doubles, du Maxechitl, ou Jafmin
écarlate , du Pervenche, & du
Saule de France.*

LA premiere de ces Plantes,
c'eft-à-dire , la treille de Virginie,
peut être multipliée en couchant
fes branches au mois de Septembre; on prétend même qu'elle peut
auffi l'être de boutures. Ses fleurs
font violettes, & en fi grande quantité qu'elles couvrent prefque la
Plante. Elle fe plaît dans une terre
légere; & comme elle eft d'une

nature courante, il faut la foutenir
avec des perches. On peut la planter contre une muraille, ou la placer parmi les autres Plantes à fleurs
qui habitent les bofquets.

Le Maxechitl ou Jafmin écarlate eft nommé par quelques Jardiniers *fleur trompette*; c'eft auffi
une Plante rampante comme la
précedente, qu'on peut multiplier
au mois de Septembre, foit de
boutures ou en couchant fes branches. Les fleurs qu'elle produit en
abondance vers le mois de May ou
de Juin font plutôt orangées qu'é-
carlates. On la plante communement contre les murailles; je crois
cependant qu'elle fe foutiendroit
bien d'elle-même dans les bofquets
& dans des endroits plus découverts. Elle aime auffi un terrein
leger, & à être arrofée fréquemment pendant l'Eté.

Il y a plufieurs fortes de Pervenche que les Jardiniers cultivent.

C'eſt une Plante rampante, qui reprend aiſément racines, lorſqu'on la couche en terre au mois de Mars, & qui ſe multiplie de boutures au mois de Septembre. Ses belles fleurs bleues font un coup d'œil agréable en Eté. A la vérité cette Plante ne mérite guere le nom d'arbriſſeau ; mais comme elle n'eſt pas, à parler ſtrictement, de l'eſpece des herbes, j'ai jugé à propos d'en dire quelque choſe dans ce chapitre, d'autant plus que, quand on la ſoutient avec des échalats, on peut bien la placer en compagnie des arbriſſeaux à fleurs. Il faut la planter avec les autres dans des boſquets, ou dans des pots pour en orner les parterres, afin de l'empêcher de pouſſer trop de rejettons qui pourröient étouffer les platte-bandes. Elle ſe plaît dans une terre humide & à l'ombre.

Le ſaule de France eſt auſſi un des arbriſſeaux nains de ce chapitre.

Il croît bien plus vîte encore que
le précedent ; car il pouſſe autour
de ſa racine un nombre incroyable
de rejettons, qu'on doit en ſéparer
& tranſplanter, ſoit au Printems
ou en Automne. Si on le plante
dans les boſquets il garnira bientôt
le terrein : Mais ſi on le met dans
un parterre à cauſe de ſes petites
fleurs de couleur d'œillet ; il eſt
bon de reſſerrer ſes racines dans des
pots.

Ainſi je crois avoir parcouru
toutes les eſpeces d'arbres & d'arbriſſeaux à fleurs que les Jardiniers
connoiſſent, & avoir indiqué la
maniere de les cultiver & de les
gouverner dans les Jardins, comme
je l'ai éprouvé moi-même. J'aurois
pu à la vérité y joindre l'épine-vi-
nette & l'amandier qui produiſent
de ſi belles fleurs ; mais comme
ces arbres ſont principalement eſti-
més à cauſe de leurs fruits, je me
reſerve à en parler lorſque je trai-

terai des fruits en général. Je vais
donc finir ce chapitre par annoncer
encore une fois que chacun des arbrisseaux à fleurs dont j'ai parlé,
peut être planté dans des pots, afin
qu'on ait la facilité de les placer
dans les plattebandes à mesure
qu'ils fleurissent. Par ce moyen un
Jardinier pourra changer toutes les
semaines la face de son parterre, &
y entretenir toujours de nouvelles
beautés.

CHAPITRE IV.

Des Plantes vivaces les plus hautes.

J'ai dessein de traiter dans ce
chapitre des fleurs qui restent plusieurs années dans la terre à lever,
fleurir & croître, qui deviennent
les plus hautes, & qui par conséquent sont les plus propres à être

plantées au milieu des plattebandes furtout dans les grands Jardins. Je parlerai, autant que la mémoire pourra me fournir, de leurs différentes hauteurs, & je defignerai en conféquence l'endroit où il faut les planter à raifon de leur grandeur, afin que chacun foit en état, s'il eft poffible, d'éviter les fautes groffieres dans lefquelles on tombe fouvent à cet égard, de mettre des Plantes baffes dans le milieu des plattebandes, & quelques-unes des plus hautes fur les bords; mais qu'en plantant une plattebande ou un carreau de fleurs, on puiffe entremêler judicieufement les différentes efpeces, de maniere que non-feulement il y en ait quelques-unes en fleurs dans tous les mois de l'année; mais qu'elles foient difpofées de façon qu'elles paroiffent par degré les unes au-deffus des autres, & augmentent la beauté du carreau ou parterre par le mêlange

K iv

agréable de leurs couleurs. Pour cet effet j'ajouterai la figure d'un carreau de terre de quatre pieds de largeur divifé à ma maniere, & je défignerai les fleurs qui font propres à chaque divifion, aux fections où je traiterai des différentes fleurs en particulier & de leur culture.

SECTION PREMIERE.

Des Rofes Trenieres.

COMME cette Plante fe multiplie toujours de graine, fes fléurs font ordinairement différentes les unes des autres. J'en ai vu de dix efpeces différentes dans un Jardin; ce qui doit venir, fi le fiftême de la génération des Plantes eft vrai, de l'accouplement fortuit des unes avec les autres. Leurs fleurs font ordinairement doubles; & ainfi ne peuvent pas fans doute être fécondées facilement par une autre farine que la leur, sans quoi nous en aurions beaucoup d'autres varietés. Quoiqu'il en soit, elles ne péchent ni par défaut de beauté, ni par défaut de taille; leurs tiges à fleurs ont rarement moins de six pieds, & sont chargées communement de fleurs semblables à des Roses à plus de moitié de cette hauteur. Leur graine se seme au mois de Mars dans une terre naturelle; & quoiqu'elle n'y reste pas bien long-tems sans lever, néanmoins les Plantes ne fleurissent que l'année suivante. On doit les transplanter dans les mois de Septembre ou de Mars, & elles fleuriront en Juillet ou Août. Elles se plaisent dans une bonne terre, & il faut les arroser fréquemment en Eté pour les rendre plus fortes. Elles se conservent plusieurs années, & peuvent tant à cause de leur durée, que pour leur grandeur, être placées parmi les

K v.

arbriffeaux à fleurs dans les bofquets, ou rangées en lignes dans
les avenues d'arbres où les beftiaux
ne puiffent pas les venir détruire,
& même quelquefois dans les cantons les plus écartés & les plus découverts des grands Jardins, où
leurs fleurs rouges, blanches, pourpres ou noires font un très-beau-
coup d'œil. Elles meurent tous les
Hyvers jufqu'au raz de la terre, &
repouffent le Printems fuivant ;
on m'a appris auffi que quelques-
unes fe multiplient en divifant
leurs racines au mois de Mars.

SECTION II.

De la fleur du Soleil vivace.

CETTE Plante fleurit à peu
près dans le même-tems que la précedente, & pouffe des tiges à fleurs
de fix pieds de haut, pourvu qu'on

lui donne une bonne terre & qu'on l'arrofe bien pendant les mois de l'Eté. Les fleurs jaunes qu'elle produit & qui reffemblent à autant d'étoiles font fort belles, mais elles ne font pas fi grandes que celles de l'efpece annuelle. On peut la multiplier de graine que l'on feme au mois de Mars, ou par les rejettons que l'on en détache dans le même tems & que l'on tranfplante. Les tiges que cette Plante a pouffées pendant l'Eté périffent aux approches de l'Hyver, ainfi que celles de la précedente, & repouffent le Printems fuivant. Elle croît à l'ombre & dans prefque toute forte de terreins, & même eft capable de refifter à la fumée du charbon à Londres, où on la cultive fouvent dans des pots. On doit la planter à côté de la précedente.

K vj

SECTION III.

De l'Etoile ou Aster.

LEs Botaniftes curieux comptent vingt efpeces d'Etoiles, & je crois en avoir vu la figure de plus de quinze différentes. J'ennuyerois le Lecteur en lui rapportant les noms & la defcription de ces Plantes ; & comme on les multiplie toutes de la même maniere, je ne parlerai que de deux efpeces que je crois préferables à toutes les autres, & qui fuffiront pour l'inftruction de tous les Planteurs.

L'efpece la plus grande des deux que je recommande eft connuë des Jardiniers fous le nom de *fleur d'Octobre*. Elle produit des fleurs pourpres au mois d'Octobre fur des tiges d'environ quatre pieds de hauteur, & ne le cede en rien

à aucunes fleurs du Printems. Je
ne puis m'empêcher de remarquer
ici que les fleurs d'Automne font
naturellement d'une couleur un
peu foncée ; cette espece & les autres Etoiles ont les fleurs pourpres;
le Saffran fleurit pourpre , & le
Cyclamen d'Automne panche un
peu vers cette couleur. Les Giroflées qui fleuriffent à la fin de l'année ont les fleurs prefque pourpres;
pareillement les Colchiques qui
font des fleurs d'Automne font
auffi de la même couleur. Je crois
qu'il feroit bien digne d'un Curieux d'examiner fi cette couleur
pourpre , dont les fleurs d'Automne font teintes , ne procede pas de
la qualité actuelle de la terre dont
prefque tous les fucs font alors
épuifés. Mais pour revenir à la
culture de cette Etoile ou Fleur
d'Octobre, elle eft fi fujette à peu-
pler par les racines, que fi on ne
la gênoit pas dans des pots , foit

de la maniere que j'ai indiquée
pour les fleurs précedentes, ou
comme M. Samuel Reynardfon
de Hillington, homme très-expé-
rimenté dans le Jardinage, avoit
coutume de la planter dans des
pots fans fonds, elle garniroit bientôt tout le terrein des environs.
Chaque rejetton détaché de la racine au mois de Mars croîtra dans
toute forte de terrein & d'expofition, & fera cette année un beaucoup d'œil. Elle mérite d'être placée parmi les plus grandes fleurs.

L'Etoile d'Italie eft l'autre efpece que je confeillerois aux Jardiniers de planter. Elle produit fes
fleurs pourpres en Août & Septembre fur des tiges d'environ trois
pieds de haut; on doit la gouverner comme la précedente; mais
comme elle devient bien moins
haute, il faut la planter dans des
Jardins plus petits, & dans de plus
petits endroits que les autres.

SECTION IV.

Des Pois éternels.

CETTE Plante est pareillement vivace & peut fort bien trouver sa place parmi les plus grandes Plantes. On la multiplie de graine que l'on seme au mois de Mars, mais elle ne fleurit que la seconde année. Ses fleurs qui sont de la couleur des fleurs de Pêchers, durent pendant près de deux mois. Le Docteur Grew nous apprend que les fleurs de cette Plante trempées quelque tems dans l'esprit de vin, produisent une belle couleur bleue tendre, égale à l'outre-mer. Cette Plante souffre difficilement d'être déplacée, à moins qu'on ne prenne bien des précautions pour la remettre en terre sur le champ. La saison la plus commode pour cela est le mois de Mars, ou auſſitôt que ſa Plante eſt deſſechée. Comme ſa racine reſſemble à celle des carottes, elle ſe plaît dans un terrein ſabloneux & doit être plantée auprès d'un arbre ou de quelques hayes pour lui ſervir de ſoutien ; elle croît de la hauteur de huit pieds, pourvu qu'elle ſoit attachée à une rame.

SECTION V.

De la Campanule pyramidale, & des Clochettes de Cantorbery.

IL y a deux ſortes de Campanule pyramidale, l'une qui porte des fleurs bleues, & l'autre des fleurs blanches ſur des tiges qui ont quelquefois près de ſix pieds de haut. Ces deux eſpeces ont été cultivées principalement dans des pots pour orner les cheminées pendant l'Eté ;

mais elles croiſſent fort bien dans une terre naturelle, pourvu qu'on en détache au mois de Mars les rejettons qui croiſſent autour des racines. Elles ſe plaiſent dans une terre ſabloneuſe, & font un ornement très-convenable pour la rangée du milieu des grandes plattebandes. Elles fleuriſſent aux mois de Juillet & d'Août.

Les Clochettes de Cantorbery ont les fleurs d'un bleu plus foncé que celles de la Campanule pyramidale. Ses tiges à fleurs ont communement trois pieds de haut : deſorte que cette Plante eſt propre pour le milieu des plattebandes dans les grands Jardins. On la multiplie de graine que l'on ſeme au mois de Mars : mais elle ne fleurit que la ſeconde année après avoir été ſemée. La ſaiſon de tranſplanter les Plantes venues de ſemence eſt ou le mois d'Août, ou celui de Mars, après qu'elles ſont levées.

SECTION VI.

Du Primevere, arbriſſeau.

CE Primevere eſt ainſi nommé
par les Jardiniers, parce que ſes
fleurs reſſemblent un peu à celles
du Primevere ordinaire, par leur
odeur, leur forme & leur couleur.
Ses tiges à fleurs viennent quelquefois de trois pieds de hauteur,
& fleuriſſent en Juin : ſa graine
meurit au mois d'Août, & doit
être ſemée en Mars vers la fin du
mois dans une terre toute naturelle.
Les Plantes produites de graine ne
donnent des fleurs que la ſeconde
année ; c'eſt pourquoi il faut la ſemer dans une Pépiniere, & placer
les jeunes Plantes dans des endroits
convenables au mois d'Août après
qu'elles ſont levées : cette Plante
eſt propre auſſi pour garnir le mi-

lieu des plattebandes dans les grands Jardins, & elle croît dans toute forte de terrein.

SECTION VII.

Des Lys & des Martagons.

QUOIQUE les Lys & les Martagons foient proprement des Plantes à racines bulbeufes, néanmoins leur grande taille qui furpaffe celles des autres Plantes de même nature, doit leur faire trouver place parmi les géans de ce chapitre : d'ailleurs comme elles réuffiffent mieux, quand on les laiffe conftamment dans la terre, je crois qu'elles méritent bien d'être mifes au nombre des Plantes dont je parle ici : les Lys font celles que j'examinerai les premieres ; il y en a de plufieurs efpeces : fçavoir les Lys blancs ordinaires, les Lys blancs à fleurs doubles, les Lys panachés, les Lys orangés, & l'espece qui produit des bulbes sur ses tiges à fleurs. Tous ces Lys se multiplient de la même maniere, en divisant leurs racines au mois de Juil.et & d'Août, quand les feuilles en sont tombées. Ils fleurissent tous à peu près dans le même-tems en May & Juin, sur des tiges d'environ trois pieds de haut, & se plaisent également dans un terrein ouvert & sabloneux : ces Plantes sont fort propres pour le milieu des platte-bandes dans les grands Jardins, ou pour être plantées auprès des hayes dans les longs promenoirs, à l'exception du Lys blanc panaché qui est encore assez rare pour mériter place dans les plus beaux, & même dans les plus petits Jardins. Mais j'en parlerai en particulier.

D'abord les Lys blancs, soit simples ou doubles, ne sont différens entr'eux que par la forme de

leurs fleurs. Le Lys à fleurs fimples eft à mon avis préferable à
l'autre, qu'on appelle double; le
premier a des fleurs parfaites & en
bonne quantité, & l'autre a les
fleurs à demi formées, & fans aucun autre mérite que la nouveau-
té. Celui qu'on appelle Lys blanc
panaché ne differe de l'efpece commune à fleurs fimples, que parce
qu'il a fes feuilles joliment bordées
de cramoifi : il eft fi beau en Hyver
qu'il n'y a guere de plus belles
fleurs qui le furpaffent.

Le Lys orangé ainfi nommé à
caufe de la couleur de fa fleur,
jette beaucoup d'ornement dans
les Jardins, figure fort bien avec
les Lys blancs & fait avec eux un
mêlange agréable. Les autres qui
produifent leurs bulbes fur les tiges
à fleurs font recherchés à caufe de
leurs belles fleurs rouges, auffi-bien
que par la façon finguliere dont ils
produifent ce qui peut fervir à

leur propagation. On devroit bien
fe donner la peine d'examiner d'où
viennent leurs bulbes, fi elles ne
font point produites par les fleurs
femelles, fécondées par les farines
des fleurs mâles; j'avoue que c'eſt
une matiere que je n'ai pas bien
examinée, mais j'eſpere être en état
d'en rendre un compte plus exact,
quand je l'aurai confiderée avec
plus d'attention ; & je fouhaiterois
que tous les Lecteurs curieux vou-
luffent bien me faire part de leurs
obſervations fur ce fujet, afin que
par une correfpondance mutuelle
de tous les Curieux on parvienne
à découvrir bien des myſteres dans
l'art de planter, & les publier pour
l'avantage & la fatisfaction de tout
le monde, c'eſt le feul but que je
me propofe dans ces Traités.

Les Martagons que quelques
Jardiniers appellent Turbans de
Turcs, ou Lys frifés, différent des
autres Lys dont j'ai fait mention,

par la forme & l'arrangement de
leurs fleurs : les fleurs des Martagons font pendantes en enbas, &
elles ont leurs pétales recourbés,
ou roulés en dehors, ce qui ne
fe voit pas dans les autres Lys :
mais leurs racines, leurs tiges à
fleurs & leurs feuilles reffemblent
beaucoup à celles du Lys. Leur
culture eft la même, & ils aiment
tous une terre légere & fabloneufe.
Prefque tous les Martagons fleuriffent à deux pieds de terre, à l'exception de celui de la Virginie qui
fleurit fur des tiges de trois pieds
de hauteur. Leurs fleurs font de
plufieurs couleurs, les unes font
jaunes, les autres écarlates & panachées : mais l'efpece de la Virginie l'emporte fur toutes les autres pour la beauté de fes fleurs, &
ne fe trouve qu'en fort peu d'endroits : ce font toutes fleurs très-
propres pour les parterres.

SECTION VIII.

De la Gantelée.

LEs Jardiniers curieux cultivent trois fortes de Gantelées : la premiere & la plus grande efpece eft la Gantelée couleur de fer ; les deux autres font diftinguées auffi par la couleur de leurs fleurs, dont les unes font pourpres & les autres blanches. On les multiplie toutes de graine que l'on feme au mois de Mars, mais elles ne fleuriffent pas avant la feconde année ; leurs fleurs paroiffent ordinairement en May & Juin. La premiere fleurit à quatre ou cinq pieds de haut, & les deux autres fur des tiges de trois pieds. Ces Plantes fe plaifent à l'ombre & dans une terre franche.

SECTION

SECTION IX.

Des Bouillons, & du Bouillon blanc.

CEs especes de Plantes montant fort haut, méritent par conséquent d'être jointes aux autres qui font la matiere de ce chapitre : il n'y en a guere qui fleuriffent à moins de 4 pieds de hauteur, & quelques-unes dont les fleurs ne croiffent qu'à fix pieds de terre ; on les multiplie toutes de graine en Automne, ou fi on n'en a pas la commodité, on pourra le faire au mois de Mars : elles fe plaifent dans un terrein fabloneux & à l'ombre. Quoique la plûpart foient des Plantes étrangeres, néanmoins les beaux épis de fleurs qu'elles produifent pendant l'Eté les rendent dignes de notre attention. Il y a plufieurs de ces efpeces qui portent des fleurs

Tome I. L

de couleurs différentes , les unes
blanches, les autres jaunes, rouges,
brunes, pourpres , noires & vertes;
ainfi je ne vois point de raifon qui
puiffe les exclure d'avec les Plantes
hautes dans les grands Jardins. Elles fleuriffent la feconde année
après qu'on les a femées.

SECTION X.

De l'Acanthe.

CETTE Plante fe trouve rarement dans les Jardins des environs
de Londres ; & je ne me fouviens
pas d'en avoir vu dans plus de quatre Jardins en Angleterre , quoiqu'elle foit curieufe & facile à cultiver. Ses fleurs naiffent en Juin fur
des tiges de plus de deux pieds de
hauteur, & font de la même forme
que celles de la Gantelée, & de
la même couleur que les fleurs de

Pêchers. Les feuilles de cette Plante ont aussi leurs beautés ; elles font aussi garnies d'épines que les chardons, & font de différentes couleurs. On en feme la graine au mois de Mars, mais elles ne fleurissent que la seconde ou la troisiéme année ; elles se plaisent dans une terre sabloneuse & à l'ombre.

SECTION XI.

De l'Ellebore blanc.

IL y a deux especes d'Ellebore blanc, l'un qui a les fleurs d'un noir rougeâtre, & l'autre qui les a verdâtres. La premiere fleurit au mois de May, & l'autre le mois suivant : les feuilles, les racines & la grandeur de ces deux especes font à peu près les mêmes ; leurs feuilles font écaillées & recourbées, & elles fleurissent à environ quatre pieds de terre. Les feuilles en font fort belles par elles-mêmes, & les grands épis de fleurs qu'elles produifent font d'une beauté furprenante pour leurs couleurs extraordinaires. Toutes deux meurent en Hyver jufqu'à la racine, & on les multiplie par le moyen des rejettons que l'on fépare au mois de Mars, & qu'on plante dans une bonne terre légere. Ces Plantes font propres pour les grands Jardins ; je finis par elles ce chapitre, & je traiterai dans le fuivant des Plantes qui montent moins haut & qui occupent moins de terrein dans les Jardins.

CHAPITRE V.

Des Plantes vivaces de moyenne grandeur.

JE vais traiter dans ce chapitre des Plantes vivaces d'une moyenne grandeur, qui s'élevent moins haut que les précedentes, & conséquemment doivent être placées dans des Jardins plus petits. C'est par la Valerienne & ses especes que je commencerai.

SECTION PREMIERE.

De la Valerienne.

IL y a trois Plantes que les Jardiniers connoissent sous le nom de Valerienne, & qu'ils distinguent

L iij

les unes des autres en nommant la
premiere, Valerienne de Dodineus
ou Rouge ; la seconde, Valerienne
Blanche ou de Jardin, & la troisiéme, Valerienne Grecque. Elles
fleurissent toutes dans la même saison de l'année, c'est-à-dire en May
& Juin ; & on les multiplie de
graine que l'on seme au mois de
Mars. La premiere ou la Valerienne rouge dure moins que les deux
autres : elle fleurit à deux pieds de
terre, & donne une grande quantité de petites fleurs rouges : je n'ai
pas essayé, si elle reprend quand
on divise ses racines ; mais j'ai multiplié ainsi plusieurs Plantes des
autres especes au mois de Mars.
La Valerienne de Jardin fleurit à
la hauteur de la premiere, & porte
des touffes de fleurs blanches ; elle
a la même qualité que la premiere,
c'est-à-dire, que quand on broie sa
racine, elle répand une odeur
agréable. La troisiéme espece ou

Valerienne Grecque fleurit à la hauteur d'un pied, & produit des fleurs d'un bleu pâle en guirlandes au sommet de ses tiges à fleurs. C'est une Plante à racines fibreuses, qui se perpétuë aisément par le moyen des rejettons. J'ai rencontré assez communement dans plusieurs Jardins cette Plante qui a les feuilles de diverses couleurs.

SECTION II.

Du Bluet ou Barbeau vivace.

CETTE Plante se multiplie, soit de graine, soit au moyen de ses rejettons qu'on sépare de la racine au mois de Mars : ses fleurs sont estimées surtout à cause de leur belle couleur bleue qui est la moins commune de toutes dans les fleurs des Plantes. Ses tiges à fleurs sont ordinairement de deux pieds de

L iv

hauteur. Elle fleurit aux mois de May & de Juin, & souvent en Automne. Cette Plante se plaît dans une terre légere toute simple, & à une exposition découverte.

SECTION III.

Du Capuchon de Moine ou Aconit.

CETTE Plante est fort commune dans les Jardins éloignés de Londres, mais elle est fort rare aux environs de cette Ville. Ses fleurs sont d'un bleu foncé & d'une forme singuliere ; elles croissent sur des tiges de deux pieds de hauteur dans les mois de May & de Juin, & elles sont si venimeuses que j'ai appris qu'un Gentilhomme François qui n'en connoissoit pas les mauvaises qualités, étoit mort pour en avoir mangé six ou sept dans une falade. On prétend que dans les endroits où cette Plante croît d'elle-même, les beftiaux n'y touchent point ; & que l'efpece d'infecte qui eft naturel à cette Plante, eft un antidote contre la morfure de toutes les créatures venimeufes. On multiplie cette fleur en divifant fes racines au mois de Mars. Elle fe plaît dans une terre franche & à l'ombre.

SECTION IV.

De la Rofe Champion.

ON cultive dans nos Jardins trois fortes de Rofes *Champions*, fçavoir la rouge, la blanche, & la rouge double. Elles fleuriffent à environ un pied & demi de hauteur dans les mois de Juin & de Juillet : les deux premieres efpeces fe multiplient de graine que l'on feme au

L v

mois de Mars, ou au moyen des rejettons qu'on sépare de leurs racines dans le même-tems ; l'espece double qui ne produit point de graine ne se perpétue que par les rejettons dans la même saison. Cette derniere est une Plante fort recherchée pour la couleur extraordinaire de ses fleurs, qui sont du rouge le plus éblouissant que j'aye jamais vu. Elle se plaît dans une terre franche & à une exposition découverte.

SECTION V.

De la Roquette double.

LEs Jardiniers distinguent deux sortes de Roquette à fleurs doubles, sçavoir celle dont les fleurs sont blanches, & celle qui les a de couleur de chair : Elles fleurissent toutes les deux au mois de May sur des tiges d'environ un pied & demi de hauteur : l'efpece à fleurs blanches eft plus eftimée que l'autre, & fe trouve plus communement dans les Jardins. On les perpétuë au moyen des rejettons que l'on fépare de la racine, & qu'on plante au mois de Mars dans une terre franche. Elles fe plaifent dans une expofition découverte.

SECTION VI.

Du Bouton de Bachelier, efpece de Renoncule.

LEs fleurs que les Jardiniers appellent Boutons de Bachelier font de deux efpeces différentes, du moins celles que l'on cultive dans les Jardins ; car il y en a d'autres efpeces qui croiffent fans culture, & ne portent que des fleurs fimples & informes qui ne méri-

tent pas nos soins. Ces especes à
fleurs doubles ne different les unes
des autres que par la couleur de
leurs fleurs, dont les unes sont
rouges & les autres blanches. La
premiere est assez commune dans
la plûpart des Jardins ; mais la
blanche s'y trouve plus rarement.
Elles produisent toutes les deux
en Juin & Juillet des fleurs qui
croissent sur des tiges de deux pieds
de hauteur. Ces Plantes aiment
l'ombre & un terrein sabloneux ;
on les multiplie au mois de Mars
en divisant leurs racines.

SECTION VII.

De la Passefleur rouge.

LA Passefleur rouge est une
Plante si belle, qu'on ne doit pas
en laisser manquer un Jardin. L'espece simple, ainsi que la double,

donnent toutes les deux des fleurs très-agréables à la vûe. Elles portent des faiſceaux de fleurs écarlates aux mois de Juin & de Juillet ſur des tiges de plus de deux pieds de hauteur ; on les eſtime ſi fort, & ſurtout l'eſpece double, que les Jardiniers les cultivent d'ordinaire dans des pots pour en garnir les plus beaux cantons de leurs Jardins, ou pour les mettre ſur des cheminées pendant l'Eté. L'eſpece double ſe multiplie en ſéparant la racine au mois de Mars ; & l'eſpece à fleurs ſimples doit être multipliée de la même maniere, ou bien perpétuée dans le même mois par le moyen de la graine, qui, je crois, fleurira dès la premiere année. Elles aiment une expoſition découverte & une terre naturelle & légere.

SECTION VIII.

De l'Attrape-mouche.

ON trouve ordinairement deux Plantes de cette espece à fleurs simples, & une à fleurs doubles dans les Jardins un peu cultivés. Les simples ne différent que par la couleur de leurs fleurs. L'une a des trousseaux de fleurs parsemées de rouge & de blanc, & l'autre des bouquets de fleurs d'un cramoisi bien foncé : ces deux especes fleurissent aux mois de Juin & de Juillet sur des tiges de deux pieds de hauteur. L'espece à fleurs doubles produit dans le même - tems des belles fleurs rouges sur des tiges plus courtes. Les deux premieres especes, sçavoir celles à fleurs simples, peuvent être multipliées de graine semée au mois de Mars, &

fleuriront la feconde année ; mais l'efpece double ne fe multiplie que de rejettons qu'on détache de la racine vers les mois de Mars & d'Avril, & qu'on plante dans une terre franche où elles fe plaifent. Les autres doivent être gouvernées de la même maniere, ou bien on en peut coucher les branches dans la terre comme les branches couchées des œillets carnés.

SECTION IX.

De l'Oeillet, & de fes différentes efpeces.

CETTE fleur admirable eft la plus délicieufe de toutes, tant par fon odeur agréable, que par la beauté de fes couleurs. Il eft bien difficile de faire l'énumeration de toutes fes varietés ; la graine en produit tous les ans de nouvelles.

Les Jardiniers la divifent en cinq claffes, qu'ils diftinguent par les noms de *Picquetées*, de *Dammes peintes*, de *Beazarts*, d'*Etincelantes* & de *flambées*. Les œillets picquetés ont toujours le fond blanc & font tachetés ou imprimés, comme on dit, de rouge ou de pourpre : les *Dammes peintes* ont les pétales colorés en deffus de rouge ou de pourpre, & tout-à-fait blancs en deffous. Les fleurs des *Beazarts* font rayées & diverfifiées de quatre couleurs. Les *étincelantes* ne font que de deux couleurs, mais toujours par rayes ; & les *flambées* ont un fond rouge toujours rayé de noir ou de couleurs bien brunes. Chacune de ces claffes eft fort nombreufe ; mais furtout celle des picquetées dont j'ai vû plus de cent efpeces différentes dans un Jardin, qui toutes portoient le nom de quelque perfonne de qualité. Les Fleuriftes font dépendre aussi les qualités de ces fleurs de la forme de leur cosse : l'espèce de celles qui fleurissent sans se crever sont appellées fleurs à cosses longues : celles dont les pétales ne peuvent pas se contenir dans les bornes du calice sont nommées fleurs à cosses rondes. J'ai mesuré des fleurs des dernières espèces qui avoient plus de quatre pouces de largeur ; mais j'ai entendu parler de quelques-unes qui sont beaucoup plus grandes. Ces fleurs ne sont pas d'une certaine hauteur fixe ; les unes fleurissent à près de quatre pieds de haut, d'autres à deux pieds ; le tems de leur fleur est aussi incertain que leur hauteur, quelques-unes commencent à fleurir en Juin, d'autres seulement au mois d'Août : mais cela vient des différentes saisons de les semer. Celles que l'on sème au mois de Mars fleurissent bien plutôt que celles qu'on ne met en terre qu'au

mois de May, quoiqu'elles ne fleuri-
riffent qu'au mois d'Août. Cependant le fort de leur fleur eſt environ le milieu de Juin, & c'eſt alors
que les Fleuriſtes en amaſſent beaucoup pour faire voir leurs varietés,
& donner des noms à leurs eſpeces
nouvelles. Ces fleurs ſe perpétuent
de graine ou de marcottes ; & comme elles ſont ſi particulierement
admirées par tous les Amateurs du
Jardinage , j'indiquerai plus exactement la maniere de les cultiver :
Commençons donc par leur graine
& la façon de la ſemer. Le Lecteur
peut ſe rappeller que dans le ſe-
cond chapitre du premier Livre ,
en traitant de la génération des
Plantes , j'ai tâché d'expliquer
comment la pouſſiere d'une fleur
peut impregner & féconder les ſemences d'une autre, & que par
cet accouplement caſuel les ſemences ſont tellement changées ,
qu'elles produiſent des fleurs diffé-

rentes de celles de la mere-plante.
J'ai pareillement fait voir pourquoi
les fleurs doubles portent rarement
de la graine ; c'est-à-dire, comme
je le conjecture, parce que les
parties mâles ne font pas parfaites
chez elles , ou que la multitude
des pétales les empêche de faire
leurs fonctions. Cette considera-
tion me détermine à avertir les
Fleuristes curieux de planter de
toutes les bonnes especes de leurs
œillets carnés doubles au milieu
des carreaux fur une ligne , & de
mettre de chaque côté au moins
deux rangées des especes fimples
de couleurs choisies , & entr'elles
quelques pieds d'Attrape-mouche
& d'œillets de la Chine ou des
Indes , qui possedent toutes les
varietés de couleurs extraordinaires dont je parlerai dans la suite.
Les œillets de la Chine & les At-
trapes-mouche portant des fleurs
fimples, ainsi que les œillets carnés,

pourront trouver moyen de faire
paſſer leur farine dans les cellules
de quelques doubles, & d'y mêler
leur graine ; au moyen de quoi on
pourra non-ſeulement en recueillir
une plus grande quantité qu'on ne
l'eſperoit, mais encore on eſt aſſuré
d'en avoir beaucoup d'eſpeces variées. Si on eſt aſſez heureux pour
voir que les vaiſſeaux à graine commencent à groſſir, il faudra les garantir avec ſoin de deux maux,
ſçavoir des perces-oreilles & de
l'humidité ; on détruit le premier,
en ſuſpendant des ſabots de co-
chon, des têtes de pipes à fumer,
& des ſerres d'écreviſſes de mer ſur
le ſommet des baguettes qui ſou-
tiennent les fleurs, & on tuera tous
les matins la vermine qui s'y ſera
logée. Pour empêcher le fruit,
quand il renfle, de ſe pourrir par
trop d'humidité, mettez les fleurs
à couvert dans de petits baſſins,
qui ſerviront auſſi à les garantir de

la trop grande ardeur du foleil, qui les empêcheroit de croître. A l'aide de ces précautions on peut efperer de trouver la graine prête à recueillir vers la fin de Septembre : cette opération doit fe faire, s'il eft poffible, par un tems fec, de peur que malgré nos précautions elle ne moififfe & ne déperiffe. Il faut cueillir la graine avec les tiges fur lefquelles elle a crû, & l'expofer au foleil à travers un verre pendant un mois ou deux fans ouvrir aucune des coffes ou filiques de graine, jufqu'à ce qu'on la feme ; ce qui doit fe faire à mon avis au mois d'Avril, dans une terre compofée de la maniere fuivante.

Prenez deux charges de terre fabloneufe, comme difent les Jardiniers, ou d'une terre moyenne, à laquelle vous ajouterez une charge de terre à melon bien confommée ; mêlez bien le tout enfemble,

criblez-le & le mettez quelque
tems en monceau pour se fondre;
après quoi passez-le par le crible
une seconde fois, soit pour y semer
votre graine, pour y coucher les
tiges, ou planter les racines. Après
avoir rempli vos pots de cette
terre, & l'avoir applanie au sommet, répandez-y votre graine & la
recouvrez d'un demi pouce de la
même terre composée. Pressez-la
doucement avec une planche, &
la laissez exposée à l'air ; la graine
levera au bout de trois semaines,
& les jeunes plantes seront assez
fortes pour être transplantées au
mois de Juillet suivant. On doit les
placer à dix pouces de distance les
unes des autres, & les garantir du
soleil avec des paillassons pendant
environ trois semaines, en les dé-
couvrant tous les soirs, afin qu'elles
puissent recevoir les rosées rafrai-
chissantes. La seconde année après
qu'elles ont été semées, on peut

efperer de ces plantes plufieurs varietés, qui font le plus grand agrément du Jardinage. Toutes les efpeces variées que l'on obtient dans
la Pépiniere, doivent être couchées
en terre le plutôt qu'il eft poffible :
Pour cet effet on coupe à demi la
tige à un nœud, & on la fend jufqu'au milieu de la diftance d'un
nœud à l'autre ; après quoi on enterre la partie fenduë, & on l'affu-
jettit en terre avec un crochet de
bois jufqu'à ce qu'elle prenne racine & qu'on puiffe la replanter
féparement, c'eft-à-dire, au bout
de deux mois fi la terre eft légere.
Mais comme le tems de marcotter
les Plantes produites de femence
eft incertain, en ce que nous ne
pouvons pas fçavoir celles qui en
méritent la peine ; je dirai qu'en
général la faifon la plus favorable
pour marcotter eft le mois de Juillet, auffitôt que les tiges font affez
groffes, afin qu'elles ayent le tems

de prendre racine, pour être séparées de la mere-plante, & pour
être tranfplantées dès le commencement de l'Automne à l'endroit
où on veut qu'elles reftent tout
l'Hyver. Il y a des gens qui aiment
mieux les laiffer fur les vieilles racines jufqu'au mois de Mars, avant
que de les tranfplanter : mais c'eft
ce que je n'approuve pas ; parce
que j'ai éprouvé qu'en les tranf-
plantant au Printems elles courent
rifque de périr, ou qu'elles produifent des fleurs plus tardives &
moins groffes ; au-contraire quand
on leve les marcottes en Automne,
& qu'on les plante dans des pots
ou des plattebandes où elles doivent fleurir, on eft certain qu'elles
produiront des fleurs plus fortes
& de meilleure heure ; & outre
cela les marcottes feront bientôt
en état d'être marcottées elles-
mêmes. Quoiqu'il en foit , foit
qu'on tranfplante ces fleurs en Automne

tomne ou au Printems, il eſt bon
d'avertir le Planteur qu'il faut les
tenir à l'ombre & les garantir du ſoleil pendant une quinzaine de jours
après les avoir plantées, & préparer toujours pour l'Hyver quelques endroits afin de les mettre à
l'abri en cas qu'il ſurvienne de
fortes gêlées. Il me reſte maintenant un mot à dire ſur la maniere
de faire épanouir ces fleurs, comme le pratiquent les Fleuriſtes les
plus ingenieux : Vers le mois d'A-
vril, quand les tiges à fleurs commencent à pouſſer, il faut donner
à chaque Plante une baguette de
quatre pieds de longueur, & y attacher chaque tige à meſure qu'elle pouſſe. Quand les boutons à
fleurs commencent à paroître, il
n'en faut laiſſer fleurir qu'un des
plus gros ſur chaque tige ; environ
dix jours avant que les fleurs s'épanouiſſent, les eſpeces à calice rond
commencent à crever leur enve-

loppe d'un côté : pour-lors un Jardinier soigneux doit avec un poin-
çon fin ouvrir ou fendre le calice
du côté opposé à la rupture naturelle ; & trois ou quatre jours avant
que la fleur soit tout-à-fait épa-
nouie, il faut couper avec de bons
cizeaux les pointes du calice, &
remplir les vuides & les ouvertures
du calice avec deux petits mor-
ceaux de velin ou de toile huillée,
que l'on peut glisser aisément entre
le calice & les feuilles des fleurs,
par ce moyen la fleur se dévelop-
pera également de tous les côtés,
& prendra une forme réguliere.
Mais outre cela, il est d'un usage
ordinaire, & même avec raison,
lorsque la fleur commence à faire
appercevoir ses couleurs, de la garantir de la grande ardeur du soleil,
avec des especes de plats de bois,
& autres inventions de même nature, attachés avec un bâton qui
les soutient : *Car les fleurs aussi-bien*

que les fruits, deviennent plus grosses à l'ombre ; elles meurissent & se sechent bien plutôt au soleil. Ainsi j'ai tâché d'enseigner aux Jardiniers curieux la méthode la plus convenable pour cultiver & perfectionner les œillets ; mais je suis obligé, avant que de finir cette section, de parler des différentes sortes d'œillets propres pour les Jardins, & qui sont de la même nature que les précedens.

Les œillets que l'on cultive ordinairement dans les Jardins sont l'œillet rouge double, le blanc double, le double œil de faisan, l'œillet nain double de montagne, & l'œillet de la Chine, sans compter plusieurs especes simples produites de graine sémée au mois de Mars en touffes ou par rangées. Les trois premieres especes fleurissent à environ un pied & demi de terre ; & quoiqu'on les ait employé souvent en bordures dans les

Jardins, je prendrai la liberté de les deſtiner plutôt pour l'intérieur des plattebandes où on les plantera ſurtout par touffes, parce qu'elles ſont ſujettes à faire des bordures irrégulieres. L'œillet nain de montagne, à la vérité, étant fort lent à croître, & s'élevant rarement de plus de huit pouces, peut aſſez-bien être placé ſur le bord des carreaux d'un Jardin; mais cette eſpece eſt à préſent fort rare. Ces quatre eſpeces d'œillets ſe multiplient toutes de marcottes plantées au mois d'Août ou au commencement du Printems. L'œillet de la Chine eſt admirable pour la varieté ſurprenante de ſes couleurs, & les changemens ſinguliers qu'on remarque dans le milieu de ſes fleurs; cette eſpece eſt encore une rareté parmi nous, & ne ſe rencontre que dans les Jardins de quelques Curieux; on peut la multiplier de graine que l'on ſeme au mois de

Mars, & qui fleurit, je pense, dès
la premiere année à la hauteur d'un
pied, & resiste aux froids les plus
rudes de notre climat, pourvu
qu'on en coupe les tiges auslitôt
que la saison de ses fleurs est pas-
fée.

SECTION X.

Du Violier jaune.

J'AI vu cinq especes de Violiers
cultivés chez les Jardiniers & qui
méritent de trouver place parmi
les plus belles Plantes, à cause de
leur odeur gracieuse & de leurs
fleurs qui durent long-tems; la
plus commune de ces especes est
la double à fleurs jaunes, & les
plus rares les jaunes doubles à
feuilles diversifiées, la double blanche, la couleur de sang dont les
fleurs sont jaunes flagellées de rou-

M iij

ge, & une nouvelle espece simple à grandes fleurs tachetées de jaune & de brun : elles fleurissent toutes dans la même saison de l'année & sur une tige d'environ deux pieds de hauteur. On les multiplie de rejettons que l'on plante à l'ombre dans les mois de Mars, Avril, May ou Juin. Mais la derniere espece se perpétuë bien plus aisément de graine que l'on seme au mois de Mars. Les tuyaux à graine de cette espece & des autres especes simples, aussi-bien que leurs fleurs, sont si ressemblantes à celles des Giroflées, que je suis persuadé, qu'en les plantant les unes auprès des autres, elles se fertiliseroient réciproquement ; & que d'un accouplement semblable il naîtroit sans doute une Giroflée à fleurs jaunes. C'est ce que j'ai dessein d'éprouver moi-même, ainsi que plusieurs autres accouplemens de même nature, & quoique la graine de ces Plantes neutres ne puſſent pas croître, on peut multiplier & perpétuer les eſpeces par le moyen des marcottes & des boutures, comme il eſt d'uſage de le faire pour les eſpeces doubles : ces Violiers ſe plaiſent dans un terrein ſabloneux, & croiſſent à merveille dans des gravats.

SECTION XI.

Des Giroflées.

CE ſont des eſpeces de buiſſons comme les précedentes Plantes, qui croiſſent communement de deux pieds de hauteur, & il y en a quelques-unes qui fleuriſſent preſque toute l'année. Les ſimples ſont produites de graine que l'on ſeme au mois de Mars ; elles levent & ſont en état d'être tranſplantées l'Automne ſuivant ; mais elles

M iv

fleuriffent rarement avant la feconde année, à moins qu'elles n'ayent été élevées fur une couche, ou qu'elles ne foient de l'efpece annuelle, comme on dit. Entre les Plantes produites de graine, il s'en trouve fouvent de doubles que l'on doit tranfplanter dans des pots pour l'ornement des plus beaux endroits du Jardin, & pour en parer les cheminées pendant l'Eté. Les efpeces doubles peuvent être multipliées de marcottes ou de boutures que l'on plante dans les mois de May, Juin ou Juillet; mais les fimples ne valent pas la peine d'être cultivées d'aucune autre maniere que de graine. Il y en a de cinq fortes outre l'efpece baffe ou annuelle dont on fait des bordures, fçavoir la blanche double, celle dont les fleurs font pourpres, l'efpece de diverfes couleurs, la grande *Brompton* rouge, & celle qui fleurit la premiere année; la *Brom*-

pton est regardée comme la meilleure de toutes. L'odeur de leurs fleurs est fort gracieuse ; & leurs différentes couleurs, quand elles font bien mêlées, les rendent extrêmement belles. Elles se plaisent dans une terre légere, seche & naturelle, & font sujettes à périr en Hyver par trop d'humidité ; c'est pourquoi il est à propos d'en semer une jeune Pépiniere vers le mois d'Août, pour fleurir de bonne heure l'année suivante, en cas que les grandes Plantes viennent à manquer, comme il arrive quelquefois quand les gêlées ont été grandes l'année précedente.

Je ne puis placer plus à propos qu'ici, une observation qu'un Gentilhomme de beaucoup d'esprit m'a communiquée sur les semences des Plantes, & principalement sur celles des Giroflées. Il m'a dit avoir acheté un jour d'un Jardinier d'auprès de Londres quelques graines,

qu'il a semées dans son Jardin dans
le Comté d'Oxford, & qui lui ont
donné une grande quantité de
fleurs doubles, & quelques simples
d'une couleur & d'une grandeur
extraordinaires, que beaucoup de
Jardiniers des environs admirerent
tellement qu'ils lui en demande-
rent instamment de la graine. Il en
conserva une grande quantité & en
donna à plusieurs Curieux. Ce qu'il
en donna conserva la premiere année toute sa beauté : mais ce qu'il
en sema dans son Jardin perdit ses
bonnes qualités. En un mot, il fut
obligé d'en redemander à son tour
à ceux à qui il en avoit fourni;
& des graines qu'ils avoient con-
servées il recouvra sa premiere
bonne fortune & eut beaucoup de
fleurs doubles; tandis que ceux de
qui il les tenoit se plaignirent de
leur mauvaise réussite, & dirent
que s'ils ne les eussent pas cueillies
de leurs propres mair s, ils auroient

cru qu'on les avoit trompés : enfin
ils confentirent tous de changer
mutuellement tous les ans les graines de cette efpece & des autres
fleurs ; & chacun d'eux réuffit parfaitement bien. Cette hiftoire fuffit
à mon avis pour faire voir combien
le changement d'air & de fol con-
tribue à perfectionner quelques efpeces particulieres de végétables.

L'efpece annuelle que l'on deftine pour les bordures trouvera fort
bien fa place dans le chapitre qui
regarde en particulier les fleurs
annuelles.

SECTION XII.

Du Sainfoin.

CETTE Plante produit des épis
de fleurs pourpres qui reffemblent
beaucoup à celles des Lupins pour
leur forme & leur maniere de croî-

M vj

tre ; elle fleurit à plus d'un pied de hauteur & produit un effet très-agréable. On la multiplie de graine que l'on feme aux mois de Mars ou Avril dans un terrein tout naturel, qui doit être léger & refter expofé au foleil : les Plantes produites de graine ne fleuriffent que la feconde année, & quelquefois même pas avant la troifiéme, furtout quand le terrein eft trop humide ; c'eft une Plante dure qui fubfifte plu-fieurs années.

SECTION XIII.

De la fleur de Cardinal.

JE n'ai jamais vu ni cultivé que deux fortes de fleurs de Cardinal en Angleterre ; l'une qui fleurit à près de trois pieds de hauteur, qui pouffe des tiges menuës, & de très-belles fleurs de couleur de rubis ;

l'autre fleurit à près de deux pieds
de terre & porte des fleurs d'un
bleu pâle ; les graines de ces deux
especes ont été apportées de la Caroline, & même à ce que je crois,
de la Virginie. On les doit semer
sur des couches au mois de Mars
dans une terre légere & bien criblée : les semences en sont si pé-
tites qu'il ne faut que les couvrir
légerement de vase, sans quoi elles
ne leveroient pas ; la même regle
doit être observée par rapport à
toutes sortes de graines, qu'il faut
recouvrir de terre proportionne-
ment à la grosseur de la semence.
Ces Plantes commencent à fleurir
sur la fin de Juillet & restent deux
mois en fleurs. On les cultive communement dans des pots tant pour
pouvoir un peu les mettre à couvert dans le tems des grandes gêlées
que pour les placer dans certains
endroits pour l'ornement des mai-
sons. Mais je suis persuadé qu'elles

croîtroient fort bien dans des plattebandes en plein air, & y profite-
roient; on doit les multiplier au
mois d'Avril, en divisant leurs racines, & les plantant dans des lieux
exposés au soleil.

CHAPITRE VI.

*Des especes les plus basses de Plantes
vivaces.*

L Es Plantes dont je me propose
de parler dans ce chapitre sont les
especes les plus basses, & par conséquent les plus propres à garnir
les bordures exterieures des plattebandes & des carreaux & pour être
cultivées dans les petits Jardins.
La premiere dont je traiterai sera
la Primevere, que les Jardiniers
comprennent dans la classe des Polyanthes, quoique sans fondement;
car la Primevere ne produit qu'une

seule fleur sur une tige, au lieu que le Polyanthe, suivant l'idée que son nom présente, porte plusieurs fleurs sur la même tige. Mais j'espere lever quelque jour bien des difficultés de cette espece dans un Ouvrage intitulé : *Botanical Nomenclator*. En attendant je conserverai aux Plantes les noms sous lesquels elles sont connuës des Jardiniers.

SECTION PREMIERE.

Du Polyanthe.

LEs Jardiniers divisent ordinairement cette Plante en deux especes, sçavoir la Primerole & la Primevere. On la distingue encore par les noms de double, simple, *Hose in Hose*, Pantalons & *Plumes*. Je n'ai pas besoin d'expliquer ce que c'est que les especes à fleurs

simples ; il suffit de dire qu'elles
sont blanches , jaunes , rouges ,
pourpres, quelquefois violettes, &
quelquefois diversifiées. Je ne connois que quatre especes de Polyanthes doubles, qui sont la Primevere double, la Primevere double
papier blanc , la Primevere rouge
double , & la Primerole double,
dont les fleurs sont bien garnies de
pétales.

L'espece appellée *Hose in Hose*
a les fleurs entrelassées les unes
dans les autres & sans calices. Les
Pantalons ont des feuilles vertes
autour des fleurs qui sont quelquefois tachetées des mêmes couleurs
que les fleurs qu'elles entourent.
Les *Plumes* qui d'abord semblent
destinées à former les fleurs appellées *Hose in Hose* , ont les fleurs tellement fenduës & roulées qu'elles
ressemblent assez à des barbes de
plumes. Il y en a plusieurs especes
que l'on multiplie tous les ans par

le moyen de la graine. Les Curieux les sement au mois de Février dans un endroit préparé avec de la terre qu'on a tirée des saules pourris, en arrosant souvent le terrein nouvellement semé, & le tenant à l'ombre pendant tout le mois d'Avril & de May, jusqu'à ce que les jeunes Plantes soient levées. Les Plantes ainsi produites de graine seront en état d'être transplantées dans des carreaux dans les mois de Juillet ou Août suivant. Le terrein alors doit être un peu serré & être exposé au soleil du matin ; au moyen de quoi elles fleuriront en Mars ou Avril. Ces Plantes peuvent aussi être multipliées en divisant leurs racines au mois d'Août, qui est une saison beaucoup plus favorable pour cela que le Printems ; quoique la même opération se puisse faire, même lorsqu'elles sont en fleurs. J'ai remarqué que les Polyanthes que j'ai cultivés commen-

cent à perdre de la beauté de leurs
couleurs, quand je les laiffe deux
ans fans divifer leurs racines, &
que même ils dégenerent : deforte
que je confeille à tous ceux qui
voudront avoir de ces Plantes en
bon état, de les femer tous les ans
& de les tranfplanter fouvent. Les
Primeveres fleuriffent fort près de
terre, & les Primeroles à fix pouces
de hauteur. Ces deux efpeces doivent être plantées fur les bordures
des Plattebandes & proche de la
maifon, à caufe de leur odeur
agréable.

Mais pour fortir un peu du Jardin, je confeille à mes Lecteurs de
planter quelques-unes des efpeces
communes qui croiffent dans les
Bois, dans les endroits les plus
champêtres qui foient autour de la
maifon. Car je penfe que rien n'eft
plus agréable que de voir un grand
nombre de ces fleurs entremêlées
de violettes qui croiffent le long

des hayes, des avenues d'arbres, & dans les bofquets.

SECTION II.

De l'Oreille d'Ours.

CETTE fleur a été long-tems l'objet de l'ambition des Jardiniers, & on l'eftimoit tellement il y a quelques années, que j'en ai vu acheter un feul pied jufqu'à vingt guinées. Mais c'étoit à la verité dans le tems que ces Plantes commencerent à paroître dans notre climat. La maniere de les cultiver eft maintenant connue & devenue familiere : la folle vanité de fe ruiner pour avoir des fleurs fut alors méprifée, & les collections de fleurs qui auparavant étoient hors de prix, font devenues depuis fur un pied raifonnable. Ces fleurs font à la vérité très-précieufes tant par

leurs varietés surprenantes que par
l'excellence de leur odeur : elles
fleuriffent en Avril, & font dans
leur force vers le milieu de ce mois;
leurs fleurs croiffent à environ fix
pouces de hauteur. Les efpeces
nombreufes de leurs fleurs font
toutes décorées des noms & des
titres des perfonnes de la premiere
importance, & j'ai été fouvent
frappé de l'expreffion plaifante d'un
de mes amis au fujet de ces fleurs
& du prix exorbitant qu'on y met-
toit. Il difoit que les oreilles d'Ours
croiffoient fi vîte, & que les grands
& fages perfonnages diminuoient
tant, que bientôt il n'y auroit plus
affez de gens de marque pour donner des noms à cette claffe de Plantes. Mais s'il nous eft permis d'ad-
mirer les beautés de cette fleur,
quand nous pouvons nous en procurer fans beaucoup d'embarras &
de dépenfe; mon Lecteur s'en pourra fournir lui-même en fuivant les

regles que je vais lui prescrire pour
leur culture ; & pour pouvoir bien
juger de leur valeur quand elles
sont en fleurs, je vais lui donner
le détail des bonnes qualités qu'y
recherchent les habiles Fleuristes.
Une bonne oreille d'Ours doit
avoir les qualités suivantes. 1°. La
tige à fleur doit être forte & de re-
sistance.   2°. Les pédicules des
fleurs doivent être courts & capables de soutenir la fleur bien droite.
3°. Le tuyau ou col de chaque fleur
doit être bien court. 4°. Les fleurs
doivent être grandes & régulieres.
5°. Leurs couleurs doivent être
vives & bien mêlées. 6°. Leur œil
doit être grand, rond & d'un beau
blanc. 7°. Leurs fleurs doivent s'é-
tendre à plat, & ne jamais former
le godet ; & enfin il faut qu'il y ait
une bonne quantité de fleurs également étendues sur la tige.

On peut compter qu'une oreille
d'Ours qui a ces perfections est

bonne ; & ce n'eſt que de celles-là
qu'il faut conſerver la graine pour
en ſemer & perpétuer d'autres, ſi
on veut bien réuſſir. Pour ſeconder
mon deſſein, le Lecteur peut conſulter le chapitre de la génération
des Plantes ; & il éprouvera bien
des varietés, en plaçant enſemble
les Plantes le plus diverſement co-
lorées, tandis qu'elles ſont en fleur;
afin que par ce moyen les gouſſes
de graine de l'une reçoivent le duvet d'une autre, & nous donnent
un mêlange agréable de couleurs
dans les Plantes produites de ſemence. On devroit bien examiner
ſi les ſemences ainſi fécondées tiennent plus de la forme ou des couleurs des fleurs de la mere-plante.
Pour s'en aſſurer, il faut couper les
têtes de celles dont on veut faire
l'eſſai, avant qu'elles ſoient mûres
& qu'elles s'épanouiſſent.

Les graines de cette fleur doivent être recueillies auſſitôt que

les tiges font jaunes & les gouffes parvenues à leur groffeur ; lorfque l'on veut conferver leurs graines, auffi-bien que toutes les autres, je ferois d'avis qu'on arrachât toutes les gouffes avec la tige, & qu'on les gardât dans cet état jufqu'au tems de les femer ; car à coup fûr rien ne contribuë tant à la force & à la vigueur des Plantes qu'on veut multiplier de graine que la bonne méthode de conferver les graines jufqu'au tems de la femaille ; & rien ne peut nous donner de meilleures inftructions à cet égard que la nature elle-même. Je m'attends que certaines gens blâmeront cet avis & diront peut-être, que fi on eût laiffé les tiges avec les gouffes à graine des oreilles d'Ours fur la Plante, la graine feroit tombée par terre auffitôt qu'elle auroit été mûre ; que deviendroit donc alors mon argument, que la nature la tiendroit enfermée tout l'Hyver,

comme je le proposois par son
exemple?

Je répons à cela que les graines
des végétables sont comme les
œufs des oiseaux qui, après avoir
été formés dans l'ovaire, se conservent un certain tems avant que
d'être couvés ou d'être en état d'é-
clore. La semence qui tombe est
nourrie par la terre sur laquelle elle
tombe, jusqu'à ce qu'il se fasse une
fermentation propre pour la faire
pousser. Si on la conserve dans la
gousse jusqu'à la saison favorable
de la semer, il y a lieu de croire
qu'elle y trouvera une nourriture
naturelle, puisqu'on sçait qu'elle
est perfectionnée par les mêmes
sucs dans les mêmes enveloppes,
& qu'on peut la conserver seche
dans une chambre pendant six mois.
La graine d'oreilles d'Ours doit
être recueillie par une matinée
seche, comme je l'ai déja dit, &
il faut l'exposer pendant un mois
au

au soleil trois heures par jour sur
des feuilles de papier, jusqu'à ce
qu'elle soit hors de danger de moi-
sir ; pour-lors il faudra la conserver
dans des endroits bien secs jusqu'à
la premiere semaine de Février,
auquel tems il faut la nettoyer & la
semer de la maniere suivante.

Préparez une caisse de bois de
chêne ou de sapin de quatre pieds
de longueur, de deux de largeur,
& de six pouces de profondeur,
dont le fond soit percé de trous
éloignés de six pouces les uns des
autres. Mettez au fond de cette
caisse deux pouces d'épaisseur de
charbon de terre à demi consom-
mé, & étendez pardessus quelque
bonne terre sabloneuse de l'épaisseur de trois pouces, après quoi
vous y mettrez de la terre tirée des
saules creux, jusqu'à ce que la caisse
soit pleine. Pour-lors vous semerez
votre graine sans la recouvrir de
terre, mais vous vous contenterez

Tome I.   N

de la presser à la surface avec un
bout de planche, pour l'affaisser
de maniere que la terre soit au-
deffous des bords de la caiffe, afin
qu'en l'arrofant, la graine qui eft
légere ne paffe point pardeffus les
bords. Cette Pépiniere doit être
continuellement arrofée, & ne jamais être feche; car, fans une humidité habituelle, la graine ne le-
veroit pas. Il faut couvrir cette
caiffe avec un refeau, afin que les
oifeaux ne viennent pas la détruire;
& je dois avertir les Jardiniers que
depuis le tems qu'on la feme juf-
ques au commencement d'Avril,
il faut placer la caiffe dans un endroit où elle foit bien expofée au
foleil: mais après ce tems il faut la
porter dans quelqu'endroit à l'ombre, de peur que le foleil ne deffe-
che & ne ride les jeunes Plantes.
S'il arrivoit, faute d'arrofer, que la
graine ne levât pas la premiere année, il faudra conferver la caiffe

jufqu'à l'année fuivante , & on en aura furement une bonne recolte , comme je l'ai fouvent éprouvé.

Les Plantes venues de graine feront affez fortes pour être tranf-plantées aux mois de Juillet ou d'Août fuivans, à environ quatre pouces de diftance dans des car-reaux de terre légere bien criblée , à un endroit où elles n'ayent que le foleil du matin; il fera à propos même de les défendre de la chaleur pendant quinze jours après les avoir plantées. Au mois d'Avril fuivant vous pouvez efperer que quelques-unes commenceront à fleurir; & pour-lors fi elles ont les bonnes qualités dont j'ai parlé, on les tranfplantera dans des pots rem-plis de quelqu'une des terres fui-vantes.

Premiere. Joignez à une demie charge de fable de mer, une charge de terre franche , & une charge de terre à melon; mêlez bien le tout

N ij

enſemble & le faites paſſer par le crible.

Seconde terre. Prenez une charge de terre franche ſabloneuſe, ajoutez - y une égale quantité de terre à melon. Mêlez bien le tout enſemble & le paſſez au crible.

Troiſiéme terre. Prenez une charge de bois pourri ou le fond d'une pille de bois, ajoutez-y une quantité égale de terre franche, & une demie charge de terre à melon. Préparez le tout comme les mêlanges précedens.

J'ai déja inſinué dans le premier Livre, mais je le répeterai encore une fois, que toutes les terres compoſées & les mêlanges doivent reſter quelque tems en monceaux, afin que leurs différentes parties puiſſent s'inçorporer bien enſemble avant que l'on en faſſe uſage. Les trois eſpeces que je viens de rapporter ayant été employées toutes avec ſuccès par différens Jardiniers,

je ne prétends pas décider laquelle
eſt la meilleure ; car j'ai vu des
oreilles d'Ours réuſſir parfaitement
bien dans chacun de ces mélanges
ſéparement ; c'eſt pourquoi le Lecteur choiſira celui qui lui plaira.
Je penſe qu'il ne me reſte plus rien
à dire de cette fleur , ſi ce n'eſt de
rapporter la maniere dont on s'y
prend pour la faire fleurir. La voici. Mettez vos pots ſur des tablet-
tes les uns au-deſſus des autres dans
un endroit du Jardin , où ils ne
puiſſent avoir que le ſoleil du matin ; & à meſure que ces fleurs ſe
couvrent d'une eſpece de duvet
velouté qui contribuë beaucoup à
en augmenter la beauté , il faut ſe
pourvoir de quelque choſe pour
les couvrir pendant les pluyes qui
ſeroient capables d'enlever ce duvet & de détruire leurs couleurs.
La ſaiſon favorable pour diviſer
leurs racines eſt lorſqu'elles ſont en
fleurs, ou bien vers la Fête de ſaint

Jacques ; mais ce dernier tems
paſſe pour le meilleur. Avant que
de finir cette ſection des oreilles
d'Ours, j'avertirai en peu de mots
les Fleuriſtes curieux de prendre
bien garde de leur donner trop
d'humidité en Hyver, de retran-
cher ſouvent leurs feuilles pourries, & de ne pas laiſſer paſſer la
premiere ſemaine de Janvier, ſi le
tems le permet, ſans ôter la terre
uſée d'autour des racines de ces
Plantes, & remplir les pots de nouvelle terre tirée de leurs monceaux
de terre préparée. Par ce moyen
leurs Plantes ſe trouveront très-
fortes dans la ſaiſon de la fleur.

Section III.

De l'Ellebore noir, ou fleur de Noël.

LEs Jardiniers diſtinguent trois
eſpeces différentes de ces Plantes

qui toutes font fort baffes , & propres pour les petits Jardins , parce
qu'elles fleuriffent rarement à plus
d'un demi pied de terre. Celle qui
fleurit la premiere eft l'Ellebore
noir à fleurs blanches, qui commence à fleurir aux environs de
Noël, & continue jufqu'au mois
de Février. La feconde efpece eft
celle qui produit des fleurs vertes
à peu près dans le même-tems ; &
la troifiéme a la feuille petite & de-
coupée, femblable à peu près à
celle du fenouil, & elle porte dans
le mois de May une fleur jaune.
Toutes ces efpeces qui fe multiplient , en divifant leurs racines au
mois de Septembre, fe plaifent à
l'ombre & dans un terrein fabloneux. J'en ai à la vérité détaché
des rejettons que j'ai plantés dans
le tems qu'elles étoient en fleurs ;
mais l'Automne eft plus favorable
pour cela. Je n'ai point encore vu
de la graine mûre de ces Plantes ;

mais je fuppofe que c'eft faute de
l'avoir examinée dans fa jufte faifon.
Si elles en portent, comme j'en
fuis très-perfuadé, la faifon favorable pour la femer eft auffitôt qu'-
elle eft mûre. Chacune de ces efpeces eft fi rare qu'il eft fort difficile
d'en trouver, fi ce n'eft chez M.
Fairchild à Hoxton.

SECTION IV.

De la Gentiane.

CETTE Plante eft une des plus
baffes qu'il y ait; je n'en ai vu
qu'une feule efpece cultivée dans
nos Jardins d'Angleterre; cependant on en trouve fréquemment
différentes fortes dans les collections d'Hollande, & des autres Païs
voifins. Les fleurs de l'efpece qui
eft connue chez nous touchíent
prefqu'à la terre; mais malgré cela

elles jettent autant d'ornement dans un Jardin qu'aucune fleur que j'aye jamais vûe. Ces fleurs s'épanouiſſent en Avril ; on en voit fréquemment auſſi dans les mois de Novembre & Décembre, quand le tems eſt beau. Elles font d'une couleur bleue ſi belle que l'Outremer même en approche à peine. Cette Plante ſe plaît dans un terrein fabloneux, où elle pouſſe beaucoup de rejettons que l'on peut féparer de la racine en Mars ou en Avril.

SECTION V.

De l'Epatique.

IL y a pluſieurs eſpeces d'Epatiques, ſçavoir celle qui a la fleur ſimple & blanche, celle qui a les fleurs ſimples & doubles de couleur de Pêcher, & les eſpeces ſim-

N iv

ples & doubles de couleur bleue.
L'efpece fimple à fleurs blanches
commence à fleurir en Janvier,
quand le tems eft favorable; &
celles à fleurs doubles s'épanouif-
fent un mois plûtard. On les multiplie en divifant leurs racines en
Avril ou Septembre, & elles ne
profitent que dans une terre légere
& fabloneufe.

SECTION VI.

De la Violette.

ON cultive communement dans
les Jardins plufieurs efpeces de violettes. Les plus communes font
les bleues & les blanches fimples,
les plus rares font les bleues doubles, les blanches doubles, & celles qui ont les feuilles panachées.
Toutes ces efpeces fleuriffent au
mois de Mars, & indépendam-

ment de leur beauté, elles parfument l'air avec leur odeur très-douce. Les efpeces à fleurs doubles fleuriſſent auſſi en Automne, lorſque leurs racines ſont fortes. Ces Plantes ſe perpétuent en tranſplantant leurs branches courantes qui pouſſent des racines à chaque nœud d'elles-mêmes & ſans qu'on en prenne aucun ſoin.

La ſaiſon favorable pour cela eſt le mois de Février ou de Septembre, mais la derniere eſt la meilleure. On doit les planter parmi les Primeveres au pied des hayes & dans les endroits les plus champêtres d'un Jardin, ou bien auprès des bordures des carreaux. Elles ſe plaiſent dans une terre ferrée & à l'ombre.

N vj

SECTION VII.

Des Marguerittes.

LA Margueritte eſt une des plus
petites Plantes qu'il y ait, ſes fleurs
ne croiſſent pas à plus de trois
pouces de terre. Les eſpeces que
l'on connoît & que l'on cultive
communement dans les Jardins
ſont la rouge double, la blanche
double, la double rouge & blanche, l'arc en Ciel, & la *poule & les
poulets ;* la derniere de ces eſpeces
a de petites tiges qui ſortent des
fleurs principales. J'en ai vu indépendamment de celles que je viens
de nommer près de cinquante eſpeces différentes que M. Fairchild
fit venir à Hoxton de graine en une
ſeule année : elles étoient produites, je penſe, de l'accouplement
des meres-plantes les unes avec les

autres. C'eſt pourquoi je conſeillerois à tous les Jardiniers curieux
de ſemer la graine de leurs meilleures Marguerittes qui ont reſté
les unes auprès des autres aſſez
long-tems pour s'accoupler ; & de
s'y prendre au mois d'Août ou au
commencement du Printems afin
d'en avoir de nouvelles eſpeces.
Ces Plantes ſe multiplient en divi-
ſant leurs racines au Printems ou
en Automne. Elles ſe plaiſent fort
dans une terre ſerrée. On en fait
de belles bordures autour des carreaux de fleurs.

SECTION VIII.

De la Giroflée de Mer.

J'AI eu trois eſpeces de Giroflées
de Mer, ſçavoir la commune, celle
dont les fleurs ſont écarlates, &
celle qui fleurit blanc. Elles ne ſont

propres que pour les bordures des grandes plattebandes dans les longs promenoirs, ou pour être placées dans les cantons les plus champêtres d'un Jardin ; leurs fleurs s'épanouissent au mois de May, & durent long-tems. On doit les multiplier de rejettons au mois d'Août ou de Mars : elles se plaisent dans une terre forte. Remarquez que les œillets de Mer font de bonnes bordures pour les promenoirs un peu longs, & qu'on peut les multiplier de la même maniere que la Plante précedente.

Après avoir donné à mes Lecteurs un état de toutes les Plantes vivaces que j'ai cru mériter nos soins pour les cultiver dans les Jardins, je vais passer maintenant aux Plantes à racines bulbeuses, & je donnerai des regles pour leur culture.

CHAPITRE VII.

Des Plantes à oignon ou à racines bulbeuses.

QUOIQU'UNE bulbe soit proprement une racine ronde & pleine de suc composée de plusieurs tuniques enveloppées les unes dans les autres, comme la racine d'un oignon ; cependant pour me conformer à l'usage des Jardiniers , je comprendrai sous le titre de Plantes à racines bulbeuses les Anemones & les Renoncules , quoique leurs racines ayent une forme différente de celles que doit avoir une bulbe. J'ai dessein de parler d'abord dans ce chapitre des bulbes ou racines séches, comme on dit, que l'on leve communement de terre tous les ans , aussitôt que leurs tiges sont dessechées.

SECTION PREMIERE.

De la Tulippe.

IL ne manque à la Tulippe, à mon avis, qu'une odeur agréable pour en faire la plus belle fleur qui soit au monde. Il y en a des espèces à l'infini qui diffèrent beaucoup les unes des autres, qui déployent leur beauté & effacent toutes les autres Plantes d'un Jardin. Ces ornemens de la Nature sont aussi gracieux qu'ils sont beaux ; il y en a toujours quelques-unes en fleur depuis le mois de Mars jusqu'à la fin de May. On les divise en deux classes, sçavoir les Tulippes précoces ou qui fleurissent de bonne heure, & les Tulippes tardives ou qui ne fleurissent que tard. On les distingue toutes en doubles & simples ; on leur donne aussi différens noms, eu égard à leurs couleurs & à leur grandeur : comme les Baguettes qui font celles qui fleuriffent le plus haut, & font communement marbrées de pourpre & de blanc : 2°. Les Agathes qui fleuriffent plus bas que les précedentes, & dont les fleurs font veinées de deux couleurs : 3°. Celles qui ont quatre couleurs & qui inclinent vers le jaune & le rouge de diverfes nuances. Les différences de ces efpeces ont toutes des noms de Villes ou autres caracteres femblables. Les bonnes qualités que les Jardiniers reconnoiffent communement dans les Tulippes, confiftent dans la beauté de leurs couleurs, dans la force & la hauteur de leurs tiges, & en ce que leurs fleurs foient de la forme d'un œuf, que le fommet de leurs pétales foit arrondi & non pointu, & fur toute chofe qu'elles foient nouvelles.

J'ai fouvent été furpris, en voïant

qu'il en croît tous les ans tant de nouvelles efpeces, de l'argent immenfe que l'on a employé & qu'on employe encore tous les jours à ces fleurs en Hollande & en Flandres. Il eft vrai que les plus belles Tulippes que j'aye jamais vûes viennent de ces Païs ; mais je crois que fi on prenoit en Angleterre & ailleurs les moyens néceffaires pour les bien cultiver, on pourroit fe flatter de réuffir bientôt, & d'en perpétuer un grand nombre à très-bon compte. Pour cet effet je rapporterai quelques effais que j'ai déja faits, & j'indiquerai des moyens qui vrai-femblablement contribueront encore plus à les perfeÉtionner.

La maniere de les faire venir de graine eft la premiere chofe que j'enfeignerai à mes LeÉteurs. Les tiges à fleurs reftant fur les racines meuriront leur graine vers le mois de Juillet, & elle fera en état d'être recueillie quand les étuis de la graine commenceront à se fendre d'eux-mêmes & s'ouvrir. Il faudra pour lors couper les tiges bien près de terre par un jour serein, & les mettre dans un lieu sec jusqu'en Septembre qui est la saison la plus favorable pour les semer : le Printems suivant elles leveront, pourvu qu'on les tienne à l'abri. La premiere année, leurs racines ne seront pas plus grosses que des grains de bled ; mais après qu'elles auront paru deux fois hors de terre, on les ôtera du pot ou de la caisse où elles auront été semées, & on les plantera dans un carreau de terre naturelle, sabloneuse, bien criblée, & on les recouvrira d'un pouce d'épaisseur de la même terre. On les laissera dans cet état sans autre culture, que d'y ajouter tous les ans environ un demi pouce de terre pour les couvrir, jusqu'à ce qu'elles commencent à fleurir, ce

qu'elles ne font que cinq ou fix ans
après avoir été femées. Mais fi le
Planteur ne fe décourage point
pour la longueur du tems que ces
Plantes reftent en terre fans fleurir,
elles le dédommageront bien de
fon attente ; ainfi on doit en femer
tous les ans, & on aura fucceffive-
ment de nouvelles varietés, quand
une fois la premiere Pépiniere commencera à fleurir. J'ai vu beaucoup
de belles Tulippes qu'on a fait venir de cette maniere ; mais j'ai entendu parler d'un grand carreau
de Plantes venuës de graine, qui
étoient toutes uniés & fans aucune
rayeure, ce qui pouvoit venir de la
qualité des fleurs dont on avoit
femé la graine. Quoiqu'il en foit,
fi par hafard notre jeune Pépiniere
fe trouve toute remplie de fleurs
unies, il ne faut pas pour cela def-
efperer ; car je prétens que cette
couleur unie vient d'une force de
nature, comme on eft fûr que les

diverſités de couleurs dans toutes les fleurs ſont des marques de foibleſſe & d'un défaut de nourriture. Car quiconque a cultivé ces ſortes de Tulippes appellées *Nourricieres* doit ſçavoir qu'elles ſont unies ; que leurs fleurs ſont toujours grandes & groſſes ; que c'eſt d'elles que ſont ordinairement produites les fleurs les plus recherchées pour leurs belles couleurs panachées : & que de tems en tems il en ſort de beaux mêlanges de couleurs variées. Les Jardiniers croyent que cette altération des Tulippes eſt l'effet du hazard ; mais je penſe que les deux obſervations ſuivantes éclairciront ce myſtere. Il y a auprès de Bruxelles un homme fort connu par un petit eſpace de terrein dans lequel par une vertu ſinguliere, à ce qu'on rapporte, ces Tulippes ſe changent en de belles fleurs diverſifiées, deſorte qu'on y apporte des racines de toutes parts

en penfion pour y être élevées, &
placées enfuite parmi les plus belles collections de fleurs, & qu'il
gagne à ce métier beaucoup d'argent. Il eft rare qu'en cet endroit,
de cinq Plantes il n'y en ait pas
trois de panachées au bout d'un an:
mais je crois que pour expliquer ce
changement, il faut faire attention
que le fol n'eft autre chofe que des
gravats ordinaires bien pilés, &
qu'il s'y trouve tout-au-plus une
vingtiéme partie de terre naturelle.

Il eft bien clair qu'un terrein de
cette nature doit appauvrir les racines qu'on y met, & conféquemment que les fleurs doivent de
façon ou d'autre montrer la maladie des racines dont elles font for-
ties. Pour perpétuer les diverfités de couleurs des Tulippes, on
doit les lever de terre tous les ans
auffitôt qu'elles font défleuries.
Mais à l'égard de l'autre obferva-
tion que j'ai faite fur les diverfités

de ces fleurs, ç'a été dans un Jardin d'auprès de Londres, où il y avoit un carreau de Tulippes de plantées; l'année fuivante quand elles vinrent à fleurir, on trouva à chaque coin du carreau une belle Tulippe bien panachée, fans qu'il fe fût fait le moindre changement dans les autres; cela fut caufé, je crois, par quatre Ifs en pyramides qui étoient alors aux quatre coins du carreau, & qui avoient épuifé autour d'eux la force naturelle du fol. Ainfi je prie tous les Fleuriftes ingénieux d'examiner férieufement ces obfervations. De plus, en fuppofant que par ce moyen ou d'autres femblables on puiffe fe procurer une bonne collection de raretés de cette efpece, je donnerai la méthode propre pour les planter & les cultiver, & je parlerai d'abord du fol.

En Hollande où j'ai vu les plus belles collections de cette efpece

de fleurs, le terrein eſt naturellement ſabloneux, & contient, autant que j'en puis juger, deux parties de ſable de Mer contre une de
terre noire ordinaire : ce n'eſt que
dans cette eſpece de ſol que j'ai
vu des *Baguettes* de Tulippes fleurir à plus de trois pieds de hauteur
& les autres à proportion. Les Curieux du Païs obſervent toujours
deux choſes en plantant leurs Tulippes ; la premiere, de planter
toutes les précoces enſemble dans
un carreau, & quand ils plantent
les eſpeces tardives, ils mettent
les plus grandes dans le milieu du
carreau, & deux rangées des plus
courtes de chaque côté ; la ſaiſon
de planter ces racines eſt toujours
la derniere ſemaine d'Août, ſi le
tems eſt beau ; on leur donne un
peu d'abri juſqu'à ce que les boutons de la fleur paroiſſent, & alors
on les garantit de la rouille avec
des paillaſſons, ou de la toille ci-
rée

rée foutenue fur des perches; cette couverture fert auffi à mettre les fleurs, quand elles font épanouies, à l'abri de la pluye & de la grande ardeur du foleil, qui détruifent bientôt les fleurs. Ces racines fe levent toujours de terre auffitôt que les fleurs commencent à fe faner; & quand on les a bien fait fecher, on les conferve dans du papier jufqu'à la faifon de les planter.

Remarquez que les meilleures *Baguettes* font appellées *Baguettes premieres*, & on les vend maintenant en Hollande jufqu'à 24 fols la piéce. Ces fleurs fe multiplient par le moyen des cayeux qui croiffent autour des racines. Les meilleures efpeces parmi les autres Baguettes font les *Van Porters*, les *Beau-Regards* & la *Violette*; j'en ai vu chez M. Fairchild à Hoxton qui avoient des couleurs extraordinaires.

Tome I.   O

SECTION II.

De la Renoncule.

LA Renoncule eſt après la Tulippe la plus eſtimable des fleurs
pour ſa beauté : il y en a bien des
eſpeces différentes qu'on apporte
tous les ans de Turquie, deſorte
que les noms de toutes les ſortes
qui ſont connues en Angleterre
ſeroient plus ennuyeux qu'inſtruc-
tifs pour le Lecteur. Il feroit beaucoup mieux de viſiter toutes les
collections de ces fleurs qui ſe
trouvent dans les Jardins des Curieux aux environs de Londres
dans le tems qu'elles ſont en fleur.
Néanmoins pour le mettre mieux
au fait de ce qui doit faire la matiere de cette ſection, j'en décrirai
un petit nombre d'eſpeces. La Renoncule fleurit dans les mois d'A-

vril & de May, & ſes fleurs ſont
portées ſur une tige de ſix ou huit
pouces de haut. Les eſpeces doubles ſont garnies de pétales à peu
près comme les Roſes de Provins,
& il y en a même d'auſſi groſſes.
J'ai vu de ces Renoncules de couleur écarlate foncée, veinées de
verd & de couleur d'or, de jaunes
pointées de rouge, de blanches
tachées de rouge, d'orangées, de
blanches unies, de jaunes mêlées
de noir, & une eſpece de couleur
de fleurs de pêcher ; mais je n'en
ai trouvé de cette derniere ſorte
que dans le Jardin de M. Blind à
Barns en Surrey. Les eſpeces ſimples fleuriſſent un peu plus haut
que les autres & ſont ordinairement tachetées de belles couleurs.
Toutes ces fleurs ſe multiplient
des griffes qui naiſſent autour des
racines & que l'on en ſépare : on
peut auſſi les perpétuer de graine
que l'on tire des eſpeces ſimples ;

O ij

mais comme elle ne meurit pas
bien en Angleterre, nous en avons
toujours tiré de France jufques-à-
prefent. La faifon favorable pour
femer la graine de cette Plante eft
la fin d'Août; & le terrein qu'elle
aime le mieux font les feuilles
pourries, ou une terre que l'on tire
de la furface du fol dans les Bois
ou les bofquets plantés depuis long-
tems.

Le tan ou le fond d'une pille de
bois eft auffi un terrein fort propre
pour ces Plantes, pourvu qu'il foit
bien criblé & mêlé avec une troifiéme partie de terre naturelle. Ces
Plantes font un peu tendres, & demandent un peu d'abri en Hyver,
furtout lorfqu'elles ont commencé
à pouffer avant la gêlée. Les Plantes de graine levent le Printems
d'après qu'on les a femées, & fleuriffent la feconde année. Quand
elles font défleuries & que les tiges
& les feuilles font deffechées, on

ôte les racines de terre, & après
les avoir fait fecher au foleil, il
faut les conferver dans du fable fec
jufqu'à la fin de Septembre qui eft
le tems. le plus favorable pour les
replanter fi le terrein n'eft pas
trop humide.

SECTION III.

Des Anemones.

CETTE efpece de Plante a
beaucoup de varietés qui font communes aux fimples & aux doubles.
Leurs couleurs font ordinairement
bleuës, rouges & pourpres. Leurs
fleurs qui naiffent à cinq ou fix
pouces de terre s'ouvrent d'elles-
mêmes au mois d'Avril : & fi on
laiffe les racines dans la terre, elles
fleuriront encore en Septembre,
& dureront la plus grande partie
de l'Hyver ; mais il eft rare que

les Jardiniers laiſſent en terre aucune de leurs Anemones d'élite,
après que leur fleur du Printems
eſt paſſée, de crainte qu'elles ne
périſſent par trop d'humidité, ce
qui arrive aſſez ſouvent en Angleterre pendant l'Eté. Les racines de
cette Plante doivent être levées
de terre, conſervées & replantées
comme celles de la Renoncule,
avec cette ſeule différence que les
racines d'Anemones doivent être
multipliées en en ſéparant les
nœuds qui ſont à peu près de la
groſſeur d'un petit bouton, & il
faut les planter après les avoir laiſſées deux ou trois jours au ſoleil.
Ces Plantes aiment un terrein ſabloneux ſans aucun mêlange, ſurtout celles que l'on trouve aux environs de *Baterſea* dans le Comté
de Surrey où elles donnent des
fleurs fort grandes. La graine des
eſpeces ſimples meurit à la fin de
May, & il faut la recueillir avec

foin auſſitôt qu'elle commence à
crever ſa bourſe , & à montrer ſon
duvet; ſans quoi le moindre vent
l'emporteroit avec lui. On peut en
tirer des varietés innombrables ,
pourvu qu'on la ſeme en Février
& qu'on la recouvre légerement
de terre. Les Plantes fleuriſſent la
ſeconde année après qu'on les a
ſemées.

SECTION IV.

De la Jonquille , du Narciſſe Polian-the , & des autres Plantes du même genre.

LA Jonquille eſt une fleur généralement eſtimée pour ſon odeur
délicieuſe ; l'eſpece double fleurit
en Avril & la ſimple un peu plutôt:
ſes racines qui ſont bulbeuſes, comme celles de la Tulippe, ſe plaiſent
dans une terre légere & ſabloneuſe

O iv

& à une expofition découverte.
On les leve de terre & on les re-
plante comme les autres bulbes.
On doit auffi gouverner de la même façon le Narciffe Polianthe,
dont les fleurs ont une odeur très-
douce qui le rend auffi eftima-
ble que la Jonquille. Cette efpece
ainfi que tous les autres Narciffes
fe multiplient par le moyen des
cayeux tirés de leurs racines. Après
celles dont j'ai fait mention dans
cette fection, le Narciffe blanc
double & le Narciffe jaune double
méritent nos foins. L'Afphodele
commun même n'eft pas indigne
d'être cultivé pour l'ornement qu'il
jette dans les cantons reculés d'un
Jardin. Toutes ces Plantes fleuriffent au Printems à environ un pied
de terre.

SECTION V.

De la Hyacinthe.

IL y a plusieurs especes de Hya-
cinthes ; il y en a de simples & de
doubles, dont les fleurs sont bleues
ou blanches. Pareillement la Hyacinthe en grappe & la Hyacinthe
étoillée ont bien des sous-divisions.
Toutes ces Plantes, de même que
l'espece de Perou, supportent bien
la rigueur de nos Hyvers ; toutes,
à l'exception de la derniere, fleurissent au commencement du Printems, & ont la plûpart une bonne
odeur. On les multiplie par le
moyen des rejettons que l'on sépare de leurs racines, & que l'on
plante en Septembre dans des carreaux de terre sabloneuse : les tiges
à fleurs de ces Plantes, à l'exception de la Hyacinthe du Perou, s'é-

O v

levent rarement de plus d'un demi
pied de hauteur.

SECTION VI.

Du Cyclamen ou Pain de Pourceau.

J'AI vu dans les Jardins d'Amſ-
terdam près de trente eſpeces de
cette fleur ; mais nous n'en avons
pas plus de quatre en Angleterre,
ſçavoir les eſpeces du Printems,
de l'Automne & de l'Hyver avec
les fleurs de couleur d'œillets, &
l'eſpece odoriferante à fleurs blanches. La derniere eſt un peu plus
tendre & ſe trouve rarement dans
les Jardins d'Angleterre. Mais les
autres eſpeces qui ſont aſſez dures
pour reſter en plein air toute l'année, y ſont aſſez communes. Ce
ſont plutôt des Plantes à racines
de navets qu'à racines bulbeuſes ;
on ne les multiplie que de graine

que l'on seme aussitôt qu'elles sont
mures, & qui à la vérité sont plutôt des racines que des semences.
Ces Plantes sont aussi distinguées
par la diversité des couleurs de
leurs feuilles, que par les belles
couleurs de leurs fleurs. Elles se
plaisent dans une terre légere & ne
peuvent être transplantées sure-
ment qu'au milieu de l'Eté, quand
les feuilles sont dessechées. Leurs
fleurs s'élevent rarement de plus
de quatre pouces hors de terre.

SECTION VII.

Du Lys de Guernsey.

LE Lys de Guernsey ne le cede
en beauté à aucune autre fleur, &
cependant on le trouve rarement
dans nos Jardins ; ce qui est peut-
être occasionné par le peu de connoissance qu'on a de sa culture.

M. Fairchild de Hoxton a chez lui tous les Automnes, de ces fleurs qui viennent des cayeux séparés des racines. Ses fleurs font grandes & faites à peu près comme celles du Lys, leurs pétales de couleur de rofe paroiffent garnis d'un duvet doré. Le terrein le plus propre pour cette Plante eft un mêlange de deux parties de fable de Mer avec une de terre naturelle, ou bien une terre légere & fabloneufe mêlée avec des décombres par égale portion. Elle eft en état de fupporter la rigueur de nos Hyvers, pourvu qu'elle foit plantée dans l'un ou l'autre de ces terreins à l'abri d'une muraille chaude, mais furtout fi on la tient fechement. Les tiges à fleurs de cette Plante s'élevent d'environ un pied de hauteur. Ses cayeux fleuriront trois ou quatre ans après avoir été détachés de la vieille racine.

Section VIII.

Du Glayeul, de la Fritillaire, & de l'Iris.

LE Glayeul fleurit au mois de May sur des tiges de près de deux pieds, ses fleurs sont de couleur de rose, & durent six semaines au moins. Les Fritillaires sont de plusieurs especes & donnent en Avril des fleurs marquetées de deux ou trois couleurs, les unes de blanc & de rouge, d'autres de verd & de brun, ou de jaune & noir; ce sont des Plantes curieuses & fort propres pour les parterres, comme toutes les autres Plantes à racines bulbeuses. Les Iris forment aussi une classe bien nombreuse; les unes fleurissent en Avril, les autres en May & Juin. Leurs fleurs sont de couleurs & de formes différen-

tes; elles jettent beaucoup d'ornement dans un Jardin. On peut les
multiplier par le moyen des cayeux
détachés de leurs racines, lorſque
les tiges ſont deſſechées. Ces Plantes, ainſi que les autres à fleurs
bulbeuſes, ſe plaiſent dans une
terre légere.

SECTION IX.

Du Colchique & du Safran.

L E Colchique a la racine à peu
près comme celle de la Tulippe;
mais ſa fleur reſſemble à celle du
Safran. Il y a pluſieurs eſpeces de
Colchiques, les uns ſont ſimples
& de couleur blanche ou d'œillet,
d'autres ſont doubles & ont les
fleurs de couleur d'œillet, & une
autre eſpece a les fleurs marquetées
de blanc & de couleur d'œillet.
Toutes ces eſpeces fleuriſſent en

Août & Septembre à environ quatre pouces de terre : elles se plaisent dans une terre sabloneuse, & ne doivent être transplantées que dans le milieu de l'Eté, quand leurs racines sont absolument dans un état d'inaction. Le Safran fleurit en même-tems que les Colchiques & porte des fleurs pourpres de même hauteur & de même grosseur. Cette Plante est d'un grand usage, tant pour sa beauté qu'à cause de son pistile qui est le Safran dont on se sert en Medecine ; en considerant combien le Safran est une marchandise profitable, & que d'ailleurs c'est une fleur estimable qui vient dans un tems où il y en a peu d'autres, je me suis souvent étonné de ce qu'on n'en cultive pas plus communement en Angleterre. C'est un des derniers présens que nous offre l'Eté sur son déclin. Les feuilles paroissent tout aussitôt que les fleurs sont pas-

fées, & durent tout l'Hyver. Au
Printems il faut les lier enfemble
pour faciliter l'accroiffement des
racines, qui feront en état d'être
tranfplantées au milieu de l'Eté.
Cette Plante fe plaît principalement dans les terres de craye; mais
elle réuffit auffi dans un terrein
fabloneux. C'auroit été ici le lieu
de rapporter la maniere de préparer le Safran pour s'en fervir; mais
je n'en ai encore qu'une connoiffance imparfaite: c'eft pourquoi je
remets à le faire jufqu'à ce qu'il
plaife à quelque Curieux dans cet
Art de me communiquer une méthode plus exacte pour cela, que
celle que je connois jufqu'à préfent, & je la recevrai avec recon-
noiffance. Les différentes efpeces
de Safran qui fleuriffent au Printems font l'efpece marquetée de
jaune & de noir, le Safran jaune
de Hollande, les efpeces pourpres
hâtive & tardive, & le blanc :

toutes ces especes fleuriffent dans
les mois de Février & de Mars, &
forment les plus belles bordures
de fleurs que je connoiffe. Leurs
racines doivent être levées de terre
au mois de Juin, & replantées en
même-tems que les autres bulbes.
On les multiplie par le moyen des
cayeux, & elles fe plaifent dans
une terre légere. On multiplie auffi
le Safran de graine, comme l'a
éprouvé le curieux M. Fairchild
qui en a fait venir ainfi une grande
quantité.

SECTION X.

Du Perceneige, de l'Aconit d'Hyver,
de la Dent de Chien, & de l'Orchis
ou Satyrion.

LE Perceneige, quoiqu'une fleur
commune, ne doit pas manquer
dans un parterre : il eſt ſi propre

à aller de pair avec le Safran, tant par fa hauteur que par la faifon de fa fleur, qu'on a toujours eu coutume de les affocier enfemble : leur culture eft femblable, deforte que le même travail du Jardinier peut fervir pour les deux ; il en eft de même de l'Aconit d'Hiver qui eft auffi une des premieres fleurs du Printems, & qui commence à déployer fes petites fleurs jaunes dès la premiere femaine de Janvier. Les racines de cette efpece d'Aconit n'ont pas une forme fi réguliere que les bulbes du Safran, & ne font pas fi mal bâties que celles des Anemones ; elles font fi petites qu'on a de la peine à les trouver quand les feuilles font tombées. Cette efpece d'Aconit garnit bientôt tout le terrein où elle eft plantée, tant par fes graines qu'elle répand que par les cayeux que fes racines pouffent en abondance. Ses fleurs ne viennent jamais à plus

de trois ou quatre pouces de terre.
La Dent de Chien, ou la Violette
à Dent de Chien eſt une autre fleur
baſſe comme la précedente ; elle
fleurit au mois de Mars, d'une
couleur blanche un peu teinte de
pourpre, comme le Jaſmin d'Eſ-
pagne. Cette Plante doit être multipliée comme les autres dont j'ai
parlé dans cette ſection, & ſe plaît
comme elles dans une terre ſabloneuſe.

L'Orchis a différentes eſpeces
que l'on trouve dans tous les Her-
biers : je ne parlerai que de trois
ou quatre que les Curieux cultivent communement, ſçavoir la fleur
Abeille, la fleur Mouche, la fleur
Lezard, & une eſpece plus commune qui a les fleurs pourpres &
que l'on trouve dans les prairies.
On doit les tranſplanter toutes
avec la motte de terre qui tient à
leurs racines, préciſément lorſque
leurs tiges à fleurs commencent à

paroître au-deſſus de terre : elles
fleuriſſent au mois de Mai à environ
un demi pied de terre.

Je finirai ce chapitre des Plantes à racines bulbeuſes par avertir
le Lecteur d'une regle ſûre qu'il
doit obſerver ; ſçavoir , qu'on ne
doit lever de terre tous les ans que
les bulbes que l'on veut conſerver
pour les diverſités des fleurs , mais
que celles qu'on ne recherche pas
pour leurs rayeures doivent être
laiſſées en terre au moins trois ans
pour les perfectionner : le tems le
plus convenable pour tranſplanter
les racines bulbeuſes eſt lorſque les
feuilles ſont tombées.

CHAPITRE VIII.

Des Fleurs & des Plantes annuelles,
& de la maniere de les cultiver
& gouverner dans les Jardins.

LEs Plantes dont je traiterai
dans ce chapitre font de telle nature, qu'il fuffit de faire connoître au
Lecteur la méthode d'en cultiver
une ou deux, pour le mettre en
état de gouverner toutes celles
qu'on peut comprendre fous le
nom d'annuelles. En un mot, le
Jardinier curieux n'a pas autre
chofe à faire que de fe pourvoir
d'une couche au mois de Février
ou de Mars pour y mettre la graine
des efpeces de Plantes annuelles
les plus tendres, & de préparer le
fol de fon Jardin pour y femer la
graine des efpeces les plus dures

au commencement de Mars; mais
afin qu'il puisse connoître plus aisément les différentes especes qu'on
employe communement à l'embellissement des Jardins, je vais
lui expliquer dans deux sections
séparées, leurs noms, grandeur,
qualités, & la saison de leurs
fleurs.

SECTION PREMIERE.

Des Plantes annuelles qu'on fait
venir sur une couche.

LE Souci d'Afrique porte de
grandes fleurs jaunes doubles, &
fleurit à plus de deux pieds de terre
en May, Juin, Juillet, Août &
Septembre.

2°. Le Souci de France a la fleur
plus petite que le précedent, d'u-
ne couleur jaune mêlée de rouge,
& fleurit à près de deux pieds de

terre depuis le mois de May jufqu'à celui de Septembre.

3°. Le Sultan doux a trois efpeces, dont les fleurs font blanches, jaunes, & pourpres ; fon odeur reffemble au Mufc, & il fleurit à deux pieds de terre depuis Juin jufqu'en Septembre.

4°. Le *Capficum Indicum*, ou Poivre de Guinée, dont le fruit eft écarlate, long & rond, n'eft recommendable que par-là ; il commence à faire une belle figure dans les Jardins vers le mois de Juillet, & dure jufqu'en Septembre. Cette Plante a environ un pied & demi de hauteur. Le petit Peuple d'Italie pille la graine jaune contenue dans les filiques de la Plante, & s'en fert au lieu de poivre ; & le fameux Botanifte l'Évêque de Londres s'en fervoit au même ufage.

5°. La Merveille du Perou a deux efpeces, l'une à fleurs rouges

& jaunes, l'autre à fleurs pourpres
& blanches : elles fleuriffent à deux
pieds de hauteur depuis Juillet jufqu'en Septembre.

6°. L'Amaranthe a deux efpeces, fçavoir le Tricolor & la crête
de Cocq ; la premiere n'eft belle
qu'à caufe de fes feuilles qui font
rayées d'écarlate, de jaune & de
verd. Ce font des Plantes qui croiffent de deux pieds de hauteur, &
ornent beaucoup un Jardin depuis
le mois de Juillet jufqu'en Septembre.

7°. Le Lizeron a trois efpeces,
fçavoir la grande à fleurs pourpres,
la petite à fleurs bleuës tachetées
de jaune & de blanc, & l'efpece à
fleurs écarlates. Elles fleuriffent
toutes depuis le mois de Juin jufqu'en Août, & elles rampent fur
terre.

8°. Le Baume femelle eft de
trois fortes, fçavoir le couleur de
rofe, le pourpre & le blanc : elles
fleuriffent

fleuriffent à environ un pied & demi de hauteur depuis Juin jufqu'en Septembre.

9°. Le *Belveder* ou Buiffon pyramidal, eft un petit Buiffon verd fans fleurs qui s'éleve de la hauteur de deux pieds.

10°. Le Bafilic buiffon eft un petit arbriffeau d'environ un pied de haut, & dont les feuilles ont l'odeur fort douce. Son Alteffe Royale le Grand Duc de Tofcane, m'a donné dans la même année plus de cinquante efpeces différentes de Bafilics.

11°. Le Creffon des Indes ou Capucine eft de deux efpeces, l'une grande, & l'autre petite; fes fleurs font mêlées de jaune & de pourpre; il rampe fur terre, & fleurit depuis le mois de May jufqu'à celui de Septembre.

12°. Les Plantes fenfitives font de deux fortes; l'une qu'on appelle Plante humble, parce que fes

Tome I. P

feuilles tombent auſſitôt qu'on y touche avec la main, & l'autre Plante ſenſitive dont les feuilles ſe roulent quand on les touche : ces deux Plantes doivent être tenues tout l'Eté ſous les vîtrages.

Le Lecteur me pardonnera, ſi je place la Tubereuſe parmi les Plantes annuelles de couche. Tout le monde ſçait que c'eſt une Plante vivace en Italie ; mais comme elle eſt annuelle chez nous, on me pardonnera de l'avoir miſe dans ce chapitre. Ses racines doivent être plantées dans la couche avec les autres Plantes de cette ſection ; & il ne faut pas les arroſer juſqu'à ce que leurs feuilles commencent à pouſſer. Les fleurs paroiſſent en Juillet & Août ſur des tiges de trois pieds de haut, & répandent une odeur fort agréable.

Pour pouvoir gouverner plus exactement les Plantes dont je viens de parler, le Lecteur doit ſçavoir que quand les graines ſont levées, il faut tranſplanter les jeunes Plantes à quatre pouces de diſtance les unes des autres, & ne les ſortir de la couche que la ſeconde ſemaine de May. Elles ſupporteront alors l'air de notre climat, pourvu qu'on les y accoutume petit à petit & par degrés.

SECTION II.

Des Plantes annuelles qu'on doit ſemer dans une terre naturelle.

LA graine des fleurs dont je parlerai dans cette ſection doit être ſemée au mois de Mars dans une terre naturelle, à l'endroit où les Plantes doivent fleurir, ſoit ſeules, par touffes, ou en bordures.

1°. La fleur du Soleil annuelle donne depuis le mois de Juin juſqu'en Août de grandes fleurs jau-

P ij

nes fur des tiges de fix pieds de hauteur.

2°. Le Pied d'Alouette doit être femé par touffes. Il fleurit de plufieurs couleurs fur des tiges de trois pieds de haut depuis le mois de Juin jufqu'en Août & Septembre.

3°. L'Adonis fe feme par touffes & produit à un pied de terre en Juin & Juillet de petites fleurs cramoifies.

4°. La Nielle Romaine meurit dans le même mois que la précedente; elle produit des fleurs bleuës fur des tiges qui s'élevent de terre d'un pied & demi.

5°. Le Pavot de Jardin doit être femé par touffes. Ses couleurs font variées & fes fleurs fort belles, mais de peu de durée. Il fleurit aux mois de May & de Juin fur des tiges de deux pieds de hauteur.

6°. Le Pavot fauvage de Hollande ne monte pas ſi haut que le précedent ; ſes fleurs ſont mêlées de rouge & de blanc ; il fleurit en Juin & Août.

7°. Le Barbeau annuel eſt de diverſes couleurs. Il fleurit en Juin & Juillet ſur des tiges d'un pied & demi de hauteur.

8°. Les Lupins ſont de trois eſpeces, ſçavoir le grand bleu, le petit bleu, & le jaune. Ils fleuriſſent tous en May & Juin ; le premier a deux pieds de hauteur, & les autres à un peu plus d'un demi pied. L'eſpece jaune a l'odeur fort douce.

9°. Les Féves rouges ſont des Plantes grimpantes qui portent des bouquets de fleurs écarlates depuis le mois de May juſqu'en Septembre.

10°. Les Immortelles ſe ſement par touffes, & fleuriſſent à un pied & demi de terre en Juin, Juillet & Août. Leurs fleurs ſe conſervent

P iij,

plufieurs années après avoir été cueillies. Les Curieux les teignent en différentes couleurs, pour en garnir des pots de fleurs en Hyver.

11º. Les Pois aîlés fe fement par rangées en bordures. Ils portent à fix pouces de hauteur de belles fleurs cramoifies, en May & Juin.

12º. La Giroflée annuelle pour bordure fe feme par touffes : elle fleurit en May & Juin ; elle porte à fix pouces de hauteur des fleurs de couleur d'œillet.

13º. Le Miroir de Venus eft propre pour être femé en bordure ou par touffes. Il fleurit à la même hauteur & dans le même-tems que la précedente & porte des fleurs violettes.

14º. Le Nombril de Venus a les fleurs blanches : c'eft une belle Plante baffe, propre à planter en bordures ou par touffes, & qui

fleurit en même-tems que la précedente.

15°. Les *Touffes* de Candie font
de deux fortes, les unes à fleurs
blanches, les autres à fleurs rouges ; elles font toutes deux propres pour les bordures ou à être femées par touffes, & fleuriſſent
avec la précedente.

16°. La Jacée ou la Violette
Tricolor a les fleurs mêlées de
pourpre, de jaune, & de rouge.
C'eſt une Plante baſſe comme la
derniere, & on en fait de belles bordures. Elle fleurit auſſi en May &
Juin.

Il ne me reſte plus qu'à remarquer, que toutes les Plantes annuelles dont j'ai parlé dans cette
feſtion fleuriſſent plutôt ou plûtard, ſelon le tems qu'on en feme
la graine ; & je conſeillerois aux
Curieux d'en femer dans tous les
mois de l'Eté, ſi on veut en avoir
dont les fleurs ſe ſuccedent les

unes aux autres, mais furtout les
efpeces baffes.

Je placerai ici le deffein d'un
carreau de Jardin. divifé en cinq
parties (Fig. 5. Pl. 3.) la ligne
du milieu A eft propre pour les
plus grandes Plantes dont j'ai parlé
dans ce Traité, les lignes B B pour
les Plantes moyennes , & celles,
qui font marquées CC pour les
plus baffes. Dans toutes ces divifions du carreau on aura foin de
prendre un tiers de la place pour
les Plantes vivaces , un tiers pour
les racines bulbeufes & autant pour
les Plantes annuelles ; on aura pareillement égard au tems de l'année où les Plantes fleuriffent, &
on les affortira de maniere, que
toutes ne fleuriffent pas enfemble
ou tout à la fois , mais qu'il y ait
toujours dans le Jardin un mêlange
agréable de fleurs qui fe fuccedent
les unes aux autres auffi long-tems
que la faifon le permettra ; c'eft ce

qu'on pourra faire aifément au moyen de ce Traité.

Un fujet de cette nature ne pouvoit pas être divifé d'une maniere plus aifée que par la méthode que j'ai fuivie ; & je me propofe de traiter dans les Livres fuivans de l'accroiffement des arbres à fruit, des Jardins potagers & des Plantes de ferre ; & je donnerai fur tous ces objets quelque chofe de neuf, & prie encore une fois les Curieux de me communiquer les obfervations qu'ils feront chemin faifant fur les différentes parties du Jardinage & des Plantations.

Fin du Tome premier.

Pv

TABLE
DES MATIERES
Du premier Volume.

A

B

P vj.

R

APPROBATION.

J'AI lû par ordre de Monseigneur le Chancelier, un manuscrit traduit de l'Anglois, intitulé : *Nouvelles Observations physiques & pratiques sur le Jardinage*, &c. Par M. Bradley,
&c. Les Anglois ont si fort cultivé l'art de
l'agriculture, & les Ouvrages qu'ils nous ont
donnés sur cette matiere, ont été si bien reçus,
qu'il y a lieu de croire que le Public verra avec
plaisir en notre Langue celui de M. Bradley,
dans lequel je n'ai rien trouvé qui puisse en empêcher l'impression. A Paris ce 17 Octobre
1749. L. DEMOURS.

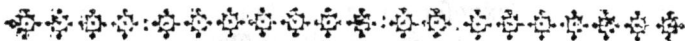

PRIVILEGE DU ROY.

LOUIS, par la grace de Dieu, Roy de France &
de Navarre: A nos amez & feaux Conseillers les
Gens tenans nos Cours de Parlement, Maîtres des Re-
quêtes ordinaires de notre Hôtel, Grand Conseil,
Prévôt de Paris, Baillifs, Sénéchaux, leurs Lieutenans
Civils & autres nos Justiciers qu'il appartiendra,
SALUT: Notre amé JEAN-LUC NYON, Libraire
à Paris, Nous a fait exposer qu'il désireroit faire
imprimer, & donner au Public un Ouvrage qui a
pour titre, *Nouvelles Observations Physiques & Pratiques sur le Jardinage*, par BRADLEY, s'il
Nous plaisoit lui accorder nos Lettres de Privilege pour
ce nécessaires. A CES CAUSES, voulant favorablement traiter l'Exposant, Nous lui avons permis &
permettons par ces Présentes, de faire imprimer ledit
Ouvrage autant de fois que bon lui semblera, & de le
vendre, faire vendre & débiter partout notre Royaume, pendant le tems de six années consécutives, à
compter du jour de la date des Présentes; faisons dé-
fenses à tous Imprimeurs, Libraires & autres personnes, de quelque qualité & condition qu'elles soient,
d'en introduire d'impression étrangere dans aucun lieu
de notre obéissance; comme aussi d'imprimer ou faire
imprimer, vendre, faire vendre, débiter, ni contre-
faire ledit Ouvrage, ni d'en faire aucun extrait, sous
quelque prétexte que ce puisse être, sans la permis-
sion expresse & par écrit dudit Exposant, ou de ceux
qui auront droit de lui, à peine de confiscation des
exemplaires contrefaits, de trois mille livres d'amende
contre chacun des Contrevenans, dont un tiers à Nous,
un tiers à l'Hôtel Dieu de Paris, & l'autre tiers audit
Exposant, ou à celui qui aura droit de lui, & de tous
dépens, dommages & intérêts, à la charge que ces Présentes seront enregistrées tout au long sur le Registre
de la Communauté des Imprimeurs & Libraires de Paris, dans trois mois de la date d'icelles; que l'impression dudit Ouvrage sera faite dans notre Royaume &
non ailleurs, en bon papier & beaux caracteres, con-
formement à la feuille imprimée, attachée pour modele sous le contre-scel des Présentes; que l'im-
petrant se conformera en tout aux Réglemens de la
Librairie, & notamment à celui du 10 Avril 1725;

qu'avant de l'expofer en vente, le manufcrit qui aura fervi de copie à l'impreffion dudit Ouvrage, fera remis dans le même état où l'Approbation y aura été donnée, ès mains de notre très-cher & féal Chevalier Chancelier de France, le Sieur DE LAMOIGNON, & qu'il en fera enfuite remis deux Exemplaires dans notre Bibliotheque publique, un dans celle de notre Château du Louvre, un dans celle de notred. très-cher & féal Chevalier Chancelier de France, le Sieur DE LAMOIGNON, & un dans celle de notre très cher & féal Chevalier Garde des Sceaux de France, le Sieur DE MACHAULT, Commandeur de nos Ordres, le tout à peine de nullité des Prefentes : Du contenu defquelles vous mandons & enjoignons de faire jouir ledit Expofant & fes ayans caufe, pleinement & paifiblement, fans fouffrir qu'il leur foit fait aucun trouble ou empêchement : Voulons que la copie des Prefentes, qui fera imprimée tout au long au commencement ou à la fin dudit Ouvrage, foit tenuë pour dûement fignifiée, & qu'aux copies collationnées par l'un de nos amez & feaux Confeillers & Secretaires, foi foit ajoutée comme à l'original. Commandons au premier notre Huiffier ou Sergent fur ce requis, de faire pour l'execution d'icelles tous actes requis & neceffaires, fans demander autre permiffion, & nonobftant clameur de Haro, Charte Normande, & lettres à ce contraires : CAR tel eft notre plaifir. DONNÉ à Paris le trente-unieme jour du mois de Janvier, l'an de grace mil fept cent cinquante-cinq, & de notre Regne le quarante - unieme. Par le Roy, en fon Confeil Signé, LEBEGUE.

J'ai affocié au préfent Privilege les Sieurs Paulus-du-Mefnil & Hardy, chacun pour un tiers. A Paris le 6 Février 1756. NYON.

Regiftré enfemble la ceffion ci-deffus fur le Regiftre XIV. de la Chambre Royale des Libraires & Imprimeurs de Paris, N. 13, fol. 12, conformément aux anciens Reglemens, confirmés par celui du 28 Février 1723. A Paris le 6 Février 1756. DIDOT, Syndic.

www.ingramcontent.com/pod-product-compliance
Lightning Source LLC
Chambersburg PA
CBHW061003220326
41599CB00023B/3811